科学者は、なぜ軍事研究に手を染めてはいけないか

池内 了

みすず書房

科学者は、なぜ軍事研究に手を染めてはいけないか　目次

序章　新しい科学者倫理の構築のために

1　新しい科学者倫理の構築のために

これまで多くの科学倫理に関する本が書かれてきたが、本書はおそらく「科学者は軍事研究に手を染めるべきではない」と主張する最初の本になると思っている。言い換えれば、これまでの科学倫理に関する書物は、科学研究における不正行為や研究費の不正使用がいかに倫理にもとるかについて述べることを主眼とし、そのために従うべき倫理的な科学研究とは何かを説くものばかりであった。科学に多くの資金が投じられるようになるにつれ、必然的に不正な手段で利益を得ようとする科学者が多くなり、それを防止するために、科学者に対し科学倫理を説くことが求められたためである。

それはそれで必要なことだが、このような科学倫理の書だけでは決定的に欠けているテーマがあった。科学者および技術者が軍事研究に手を染め、戦争で人間を効率的に殺戮するための手段の開発研究に深入りしている問題で、これこそ問われるべき科学者・技術者の倫理問題と言えるはずである。ところが、このような科学者の軍事研究については語られずにきた。まず、その理由をアメリカと日本の場合についてまとめておこう。

アメリカの場合

科学倫理の問題がいち早く論じられるようになったのはアメリカで、科学の不正行為が頻々と起こるようになったためである。そこで一九九五年に、科学（者）倫理の啓蒙パンフレット *On Being a Scientist-Responsible Conduct in Research*（『科学者をめざす君たちへ』池内了訳、化学同人）を科学アカデミーが中心となって出版した。このパンフレットには（他のアメリカの倫理に関する本も同様だが）軍事研究に関連することは何も書かれていない。

そもそも、アメリカの軍事予算は六〇兆円以上で国家予算の二〇％以上を占め、日本の軍事予算の一〇倍以上である。軍事開発の研究費は全分野の研究予算の半分以上を占めていて、八兆円を超している。いずれも世界一である。これからわかるように、アメリカはいわば軍事国家であり、科学者が軍事研究をすることを当たり前とするお国柄なのである。だから、軍事研究は推奨されこそすれ、倫理的に問題があると考えられていない。たとえば、アメリカは技術者の倫理（工学倫理）が強く叫ばれ、技術者の社会的地位を高めるという意図もあって、厳しい「技術士資格」が確立している。ところが、技術士資格試験においては技術の軍事利用に関する倫理的考察や行動規範は考慮の外で、軍事開発は重要な技術の応用先の一つとしてしか考えられていない。

実際、アイゼンハウアー大統領が離任演説で警告したように、アメリカにおいては「莫大な軍備と巨大な軍需産業との結びつき、つまり軍産複合体が大きな影響力を行使することで自由や民主主義が危険に曝される」ことが問題とされてきた。しかし、どの時代においても、軍産複合体はずっと温存・強化されてきた。そのような状況が続く中で、最近は「軍産学複合体」と呼ばれるようになっている。「軍と産」の結びつきに「学」を引き込むことが不可欠となってきたのである。実際、ミサイルや核兵器の開発のみならず、ＡＩを用いた無人戦闘機や殺人ロボットなどの開発、サイバーセキュリティと呼ばれるコンピューター管理、対テロ戦争を想定した生物・化学兵器対策、電磁パルス弾のような新兵器の検討など、進展する技術を応用した最先端の武器開発を行なうために、「学」を動員することが当然視されるようになっている。そして「学」の側も豊富な研究資金に誘われて軍事研究を行なうことに何の痛痒も感じておらず、むしろ軍事研究への貢献を誇るべきとの風潮が強い。

しかし、ベトナム反戦運動が盛んであった頃、学生たちが軍に奉仕する大学への批判を強く打ち出した結果、大学における軍事研究への公然たる協力の自粛が進み、それは現在の大学にもそれなりに継続している。その方法は、軍と結びついた秘密研究と一般の研究との棲み分けを行なうもので、表向きには軍事研究とは関係していない風を装っている。そのためもあって、倫理の教科書に軍事研究には携わらないと書くことはない。そのような社会的雰囲気は皆無に近いのである。

日本の場合

一方、日本においても科学（者）倫理に関わる本において、軍事研究に携わることは科学（者）倫理に反すると明確に書いているものはまだなく、おそらく当分現れないだろう。その理由として、日本には誇るべき特殊事情があった。日本の大学を始めとする「学」セクターは、戦争前および戦時中、国家や軍の意向ばかりを尊重して、世界の平和や人々の幸福のための学問という原点を見失っていた。敗戦後、そのような科学者集団であったことを反省して、日本学術会議は一九五〇年に「戦争を目的とする研究には絶対従わない」という声明を決議した。学術の世界を代表する科学者が、軍事研究を拒否することを公的に表明したのである。これは日本国憲法の平和主義の精神に則った決意表明で、軍事研究を当然とする世界においては稀有なことであった。おそらく、一九四七年に軍を持たないことを決議して、今なお軍事予算ゼロを貫いているコスタリカを除いて、こんな国はなかっただろう。

その日本学術会議の声明は、ごく最近（二〇一五年）まで政府も受け入れており、一九五四年に発足した防衛庁（二〇〇七年から防衛省）も大学等の科学者に対して、軍事研究への参加を促す資金提供を行なってこなかった。つまり、日本の科学者は（米軍からの研究資金を受け入れてはいたが）公式には「軍」セクターからの軍事開発予算に頼らず、民生研究のみを続けてきたのである。そのことが当然であったから、科学（者）倫理に軍事研究や安全保障に関わる事柄を議論する必要はなかったのだ。

もう一つの理由は、科学者の軍事研究の問題には、日本の安全保障について意見が分かれることが多く、これが正解だとなかなか一意的に示すことができないことがあった。日本国憲法第九条で規定されている「戦争の放棄」と「戦力不保持」を堅持して、一切の武器を持たずに平和外交に徹すべきとする立場もあれば、自衛権まで放棄しているわけではないから自衛のための戦力保持と自衛戦争は可能とする立場もある。前者の立場に立つと、たとえ自衛のためであっても科学者の軍事研究に反対することになるが、後者の立場では自衛のための軍事研究は当然許され、むしろ奨励すべきことになる。

とすると、科学者の軍事研究への参加については自分の立場を明確にしないと意見が述べられず、そこまで踏み込んで倫理を説く人間が現れなかったのである。そこで本書において、軍事研究に関わる事柄を幅広い観点から検討して、科学者としてあるべき倫理規範の議論を展開することが必要だと考えたのだ。私は完全な戦力不保持派であり、その立場から、科学者が軍事研究に手を染めるべきではない、と本書で主張しようと思う。

科学の二面性

本書で問題とするのは、いま各国で競われている科学技術の軍事利用である。すべての科学技術の成果は、人々の生活を豊かにし環境条件を向上させるため（民生利用）にも、戦争で敵を殺傷し戦術・戦略を効率的にするため（軍事利用）にも使うことができる。これをデュアルユース（軍民両用技術）という。複数の電波源からの電波を受信することによって、潜水艦やミサイルや軍の部隊の現在位置を正確に定めるＧＰＳ（軍事利用）が、自動車に搭載されて目的地に向かう自らの位置を確認するためのカーナビ（民生利用）に使われるのが、その一例である。ＧＰＳは軍事利用が先で、その後に民生利用に応用された。

一般に、科学技術の開発段階では軍事利用・民生利用の区別はないが、具体的な応用段階になると、軍事のためか民事のためか、くっきりと分かれていく。そのため、科学者自身は出発点において民生技術を開発する意図であったのだが、軍事的に利用されて破壊的行為に悪用される可能性もあることを認識しておかねばならない。特に現在、科学研究者に対する軍事研究への誘いは避けて通ることができなくなりつつあり、軍事利用が公然化する状勢にある。

科学者・技術者の研究には、このように簡単には割り切れない側面が付随している。科学者・技術者の意識には、現在の文明を支えているのは科学技術であり、自分たちがそこに大きな役割を果たしているという自負が強い。そのため、批判されることを忌避し、社会は無知蒙昧だから自分たちの意見に従うべきだと思っている。それが〇〇ムラと言われる集団を組んでの行動につながるのだが、ともすれば唯我独尊となって暴走することにもなる。さらに、民生研究と軍事研究を本質的に同じものと見做し、ただ科学技術が発展すればよいと主張しがちになってしまう。本書は、「それでよいのか」と自らの立ち位置を振り返ってみるための素材となることを期待している。

科学者のジレンマ

私の手元にある『戦争の科学』（主婦の友社、二〇〇三年）の裏表紙には「戦争こそが、科学・技術の進歩の生みの親であった」と書かれている。何だか、戦争によって科学・技術が生まれたかのようだが、むろん順序は逆で、科学・技術には科学者・技術者のそれぞれの目的に応じた営為があり、戦争のために為政者が科学者・技術者を動員したのである。その目的は、続く文章で「為政者たちは敵より優れた兵器を作らんとして科学に目を向けた」と述べているように、為政者は常に敵より「技術的優越」であることを目指すのが本性である。

さらに、この本では軍事開発に当たった科学者の心境を、「一流科学者たちは、自らが創造した産物に、恐怖し、刺激を受け、手を貸し、そして、憎悪をもった」と要約している。科学的知識を軍事のために使うことに対して、ジレンマを持ちつつ軍に協力している科学者の心理をよく表している。科学者の本音としては、自分の科学的知識をこんなもののために使いたくないという気持ちはあるのだが、科学的興味と研究予算という二つの欲望のために手を貸すことになるのである。

現在の私たちは戦争という極限状態にいるわけではない。しかし他方では、防衛省が創設した委託研究制度を通じて、軍事の影が科学研究の現場に忍び込みつつある。まだ全面的に展開する状況ではなく、大学や研究機関における民生研究の場に占める軍事研究の割合はそれほど大きくはない。だからこそ、科学が軍に動員されないよう、今のうちに軍事研究を拒否する論理と倫理をしっかりと研ぎ澄ませておく必要があると思っている。特に、科学者は研究費で締め上げられると、たわいもなく妥協してしまうという弱点があるからだ。

非戦・軍縮の思想と科学者の英知

その点を克服するためには、やはり歴史を振り返り、過去から学んで現在のあり方に反映することが大事ではないだろうか。凄惨な殺し合いになった二つの世界大戦を経て、人類は紛争を収めるためには武力ではなく交渉・対話こそが重要であるとの認識を得た。その結果として、現在では、小国間の小競り合い、小国内での反体制派との衝突、テロが引き起こす騒乱などは起こっているが、少なくとも大国家間の武力衝突は起り得ないという状況を生み出している。歩みは遅いが、非戦・軍縮の思想が世界に拡がり、戦争は過去のものになりつつあるのは確かである。

ところが、これと対照的で、実に皮肉なことだが、世界の軍事予算は膨張しつづけ、科学者の軍事研究はいっそう大がかりになり、恐ろしい武器を作り出しつづけている。今や、世界中が武器で溢れるような状況である。とはいえ、科学者が生み出す武器は、もっぱら抑止力に使われているのが実情だろう。つまり、仮想敵に対する威嚇装置でしかない。そのような武器は永遠に使われることなく(それはそれでいいことなのだが)、資源やエネルギーや才能を浪費していると言える。何というムダを生み出していることだろうか。

この一点を考えてみるだけでも、軍事研究に邁進することの空しさはわかるのではないか。政治家や軍人は「技術的優越」をひたすら追求して浪費を繰り返しているのだが、少なくとも科学者として、このような愚かしくも空しい行為には加担しないとする思想を身につけるべきではないか。それが科学者としての英知なのである。そのような俯瞰的視点で見ることにより、現在の異様さに巻き込まれない知恵を本書から汲み取ってもらえたらと思う。

本書の予定

そこで本書では、科学者の軍事研究への関わりについての考察と、特に若い科学者に向けた助言を提示したいと思っている。これまで、軍事研究の歴史的な経緯については『科学者と戦争』（岩波新書、二〇一六年）、最近の動向については『科学者と軍事研究』（岩波新書、二〇一七年）に書いたので、これ以上語るべき事柄があるのかと言われそうだが、「なぜ軍事研究に手を染めてはならないか」を正面に据えた科学者の倫理規範として書くことにしたのである。

ここで本書の構成について述べておこう。

第1章の「科学者と戦争」おいては、数々のエピソードを交えながら、科学者が戦争や軍事研究とどのように関係してきたかをまとめる。科学者の戦争への個人的な参加、そして組織的動員が行なわれた二つの世界大戦の状況を振り返る。いずれにおいても、科学者たちは戦争に大きく関与したのである。さらに人類の歴史における三つの軍事革命について整理しておく。

第2章では、軍事研究に携わり、戦争に協力した「科学者たちの常套句」をまとめる。戦争となれば愛国者になれ、戦争はこれで起こらなくなる、新しい武器は人道的である、誰もがやっているのだから、等々の言葉が吐かれる。これらの言は、軍事開発に関わった科学者として自分の「業績」を誇るとともに、何がしかの言いわけ・弁解・逃げ口上が含まれている。心中では、自分のしたことに対する痛みを覚えているためでもあるのだろう。どう言おうと、科学者は自分の知識が軍拡・戦争に使われることに社会的責任を負わねばならない。

第3章では、「非戦と軍縮の思想」についてまとめる。近代に入って兵器の非人道性を問い、それに違反するような武器の禁止を取り決める国際人道法が話し合われるようになった。第一次世界大戦後には「国際連盟」が、第二次世界大戦後には「国際連合」が設立され、原則的には武力によらない平和の獲得が謳われた。人類は戦争を追放するための活動も続けてきたのである。これらとともに、核兵器廃絶のための科学者の運動や軍事研究を拒否した日本学術会議の声明を振り返っておく。

第4章では、科学者の軍事研究の誘い水となっている防衛装備庁が創設した「安全保障技術研究推進制度」の概要と問題点をまとめ、公募要領等での表向きの言葉の裏に潜むこの制度の危険性を見ておきたい。防衛装備庁は本音を覆い隠しつつ、科学者の気を惹き応募しやすいよう形式を整えているのである。特許の帰属問題や委託契約終了後の関係についても注意を喚起しておく。

第5章では、「科学者たちの反応」として、まず日本学術会議が二〇一七年三月に決議した「軍事的安全保障研究に関する声明」について詳しく論じる。さまざまな重要な提言や警告が含まれた、科学者の軍事研究についての重要な文献である。さらに、科学者の許容論について検討しておく。許容論の背後には、さまざまな思惑、要求、不満、自衛論があり、それらについて吟味する。特に学問の自由からの軍事研究許容論に論駁を加えておく。

第6章では、今いちど「なぜ軍事研究に手を染めてはならないか」と問い直し、プロフェッションとしての科学者が社会からどのような負託を受けているかを考えてみた。大学の教員は教育者として次世代の人間をどう育てていくべきかの重大な責務を負っていることもある。そのような立場から、軍事研究がもたらす教育現場への負の効果をしっかり検討し、科学者としてどのような倫理規範を身に付けるべきかを提示した。

終章の「現代のパラドックス」では、本格的な戦争が行なわれなくなったのに、軍事予算は増大し軍事研究も盛んに行なわれている、そんな現代の異様さを短くスケッチしようと思う。

第1章　科学者と戦争

自然哲学者と言われた古代ギリシャ時代から、物質構造や自然界の成り立ち、物体の構造や運動、戦争のための兵器の設計など、あらゆる事柄や現象について「なぜ」と考え、その背後にある法則を探ることに大きな興味を持つ人間がいた。「科学者」の原型である。やがて社会的要求（知識の継承、産業の勃興、人々の学問への要求など）から大学が創立され、もっぱら科学の研究と教育を生業《なりわい》とする人間が集団を成すようになり、十九世紀になってサイエンティスト（科学者）という職業が成立した。ここでは、簡単のために、時代を越えてそのような科学に携わる人間を一括して「科学者」と呼ぶことにする。

科学者は、物質や自然界の仕組みについて一般の人々よりも多くの知識を持ち、思わぬ場面で力を発揮するので、悪魔と取引した「魔術使い」と見做されることもあった。白衣を着て、度の強い眼鏡をかけ、髪の毛がもじゃもじゃの「変人」としてカリカチュア化されることが多かった。通常、人々は科学者を敬遠して関係を持たなかったのだが、戦争が勃発したときに科学者に相談を持ち込めば、新たな武器を作り出す知恵を出してくれる便利な存在であることに気がついた。さらに通常のときでも、科学者はいろいろな知識を駆使して、役に立つ技術の開発に協力してくれることで重宝することになる。

人間を戦争に駆り立てる動機として、アテナイのツキディデスは恐怖と名誉と利益を挙げ、マキアヴェリは安全と富と威信だと言った。科学者はそれらのいずれか、具体的には設備のそろった研究室と高給、高い地位と名声、自分の望む研究資金、それらを得るためには軍事研究に携わるのも止むを得ないと考え、戦争に協力してきた。あるいは、人類の知識を増やすことになるからと、科学の軍事利用に積極的に協力する科学者もいた。倫理的な後ろめたさを感じるが、それには目をつぶり、表向きは研究の中立性を装って軍事研究に勤しむ場合もあった。それらの多様な理由を念頭において、科学者と軍事との関わりの歴史を見てみよう。

科学者個人の戦争協力

紀元前二一五年、おそらく歴史的に最初の科学者とも呼ぶべきアルキメデスは、自分が住むシラクサがローマ軍に侵略されそうになったとき、シラクサの王ヒエロン一世から助けを求められた。彼は、自らが持つ科学の知識を戦争の武器に応用した。テコの原理を利用して、巨大な岩石を吊るして放り投げられる振り子式クレーンを工夫し、住民に多数の鏡を持たせて凹面鏡になるように並ばせ、敵の軍船に太陽光線を収束させて炎上させたという逸話が残っている。アルキメデスは戦争に動員されることを嫌い、できればそっとしておいてほしいと願っていたようだが、その願いも空しくローマ軍の兵士に殺された。

十三世紀半ば、イギリスの修道士ロジャー・ベーコンは科学に強く、宣教師が入手した中国製の爆竹の内部に詰まっていた黒い粉を分析して、その粉が硝石と硫黄と木炭から成ることを明らかにした。さらに、硝石の純度を高める作業を行ない、火薬として使えば強力な武器となることを示して、戦争への火薬の応用の道を拓いた。それにとどまらず、ベーコンは潜水艦・「空を飛ぶ船」・装甲車両・自動推進式船舶・大砲など、恐るべき未来兵器のスケッチを残している。

十五世紀に入ると、イタリアのダ・ヴィンチは芸術的才能（絵画や彫刻）や科学的能力（力学、光学、流体力学、天文学、数学、解剖学、機械学、工学装置）に卓越しているとともに、軍事技術に関する溢れんばかりの新しいアイデアを持っていた。ミラノの領主スフォルツァやヴェネチアのチェザーレ・ボルジアに仕えていたとき、さまざまな兵器を提案し具体的なスケッチ（手稿）を残している。それらは、装甲車、多数のマスケット銃を並べた機関銃、飛行機（グライダー）とパラシュート、ヘリコプター、潜水服、空中で砲弾が安定して飛ぶ臼《きゅう》砲、城壁を乗り越えるための攻城梯子、空気銃、毒ガスなどである。それらは当時の技術では実現できない空想的なものであったが、ダ・ヴィンチは優れた軍事技術者でもあったのだ。

三次方程式の解法を見つけたニコロ・タルターリアは、砲弾の運動を詳しく解析して「弾道学」を創始し、イタリア防衛軍に提供した。ガリレオ・ガリレイは、重力による自由落下の法則と慣性の法則から弾道の軌道を決定し、大砲の照準合わせの精度を上げる軍事用コンパスや、遠方から敵の軍艦を発見できる器具として自作した望遠鏡を軍に売り込んで、大きな収益をあげることができた。

一六六二年にイギリスで自然科学研究のための「ロンドン王立協会」が設立され、科学研究に関する情報交換を行ない、最新の発見や研究に関して討論し報告書として出版するという、現在に通じる学会や論文発表のシステムが打ち立てられた。人類の知識を深め啓蒙する純粋科学者であることが建て前であったが、ロイヤル・ソサイエティー（王立協会）であることを理由にして、軍事に関わる技術的・科学的諸問題にも取り組むべきだと国から圧力がかかるようになり、大砲の小型化、より安全な火薬の開発、大砲の破壊力の増強などの研究を行なうようになった。このような軍事協力を行なった科学者が、十七―十九世紀にイギリスが世界を制覇した影の功労者であった。その意味では、科学者の軍事問題への組織的な動員はすでにこの段階で始まっていたのである。引き続いてフランスでもプロイセン（ドイツ）でも王立協会や科学アカデミーが創立された。このように一七〇〇年代に、いずこの国においても国家による科学者の囲い込みが行なわれたのである。

十八世紀末期に、フランス軍指揮官のナポレオンが食料を長期間保存できる方法について賞金付きで募集し、そこで採用されたのが、シャンペン醸造業者によって考案された、肉や野菜を高温で煮沸して瓶に密閉する方法であった。この瓶詰によってナポレオン軍は補給線の確保が困難な遠隔地や長期間遠征が可能になり、破竹の勝利をあげることができたのである。これにヒントを得て、イギリス陸軍では壊れやすいガラスの瓶ではなく、「ブリキ製のキャニスター」と名づけた缶に食品を密閉する方法である缶詰を編み出した。瓶詰も缶詰も現在には欠かせないものだが、これらは戦争のために開発されたことは記憶しておくべきだろう。デュアルユースの典型である。

一七八三年六月、エティエンヌとジョゼフのモンゴルフィエ兄弟は熱気球を発明して空中に浮揚することに成功し、続いて八月に物理学者ジャック・シャルルは水素を詰めた気球を飛ばすことに成功した。二次元の地面に限られていた人間の活動が、ついに高さを含めた三次元空間へと広がったのである。しかし、熱気球は浮揚力が弱くて機動性がなく、水素気球の場合は水素の供給に難があり、気球を利用した空中からの攻撃の可能性が検討されたが、二十世紀にいたるまで戦争のために使われることがなかった。空を飛ぶ技術が本格化したのは一九〇三年のライト兄弟による動力駆動型飛行機の発明からで、なんとたった八年後の一九一一年には、空中から手榴弾を投下するのに使われ、一九一四年には偵察機、そして第一次世界大戦終了直前の一九一八年には戦闘機が戦場に登場している。飛行機がこれだけ短期間で戦争に使われる武器にまで「進化」したのには、多数の科学者（流体力学、エンジンや燃料、機体の素材や設計・製造など）の参画があったことは論を俟たない。

多分野の近代科学が成立した一八〇〇年代以降、各国は科学が国家にとって有益であるとわかり、大学を整備して科学の教育・研究を組織的に行なうようになった。科学の組織化・体制化が進んだのである。その結果、多数の科学者が層として存在するようになり、もっぱら戦争のための軍事研究を行なう科学者も登場するようになって、さまざまな武器の改良（威力の増大）と新たな開発が進められた。科学者の軍事研究が日常化したのである。

第一次世界大戦における戦争協力

二十世紀に入っての二度の世界大戦のいずれにも科学（科学者）の戦争への組織的動員がなされたが、詳細に見ると、科学と兵器開発との関係には二つの戦争で大きな差がある。そこには科学技術の発達状況の差が反映している。

第一次世界大戦には、電磁気学、冶金学、熱機関（タービン、エンジン）、弾道学、光学、射撃管制システム、機械学など、当時の科学技術の粋を傾けて、機関銃、各種大砲（迫撃抱、カノン砲、高射砲）、新型ライフル銃、手榴弾、火炎放射器、飛行機、魚雷、潜水艦、戦車、装甲船などの兵器が戦場に投入された。先に飛行機の戦場での急速な「進化」を述べたが、機体後方にあったプロペラを前方に取り付けて飛行性能を大幅に向上させ、プロペラの羽根に鋼鉄製の防弾板を取り付け、機関銃を搭載できるように機体を改造し、飛行機同士の空中戦が戦われるようにもなった。また、水素ガスをツェッペリン飛行船に詰め込んで空中からの爆撃を行なったのだが、集中的な都市の空襲はすでに第一次世界大戦時に開始されたのである。

第一次世界大戦の兵器開発の特徴は、それまで民生目的のために開発されていた機械や乗り物を軍事用に転換するという手法と言える。航空機がその典型で、ライト兄弟は空を飛ぶ新しい方式の模索の結果プロペラ飛行機開発に成功し、経済的利益を生み出す応用先としてすぐに軍事利用に乗り出したのであった。

　潜水艦は、一七七六年にアメリカで一人乗りの手動式潜水艦が建造され、海に潜る便利な乗り物として重宝されていた。一八六三年に電動機を積んだ大型の潜水艦へと改良されたが、まだ本格的に戦場に投入されることはなかった。ところが、一九一四年、第一次世界大戦が勃発するや、ドイツ軍が世界最高の潜水艦Uボートに改良し、アメリカからイギリスへと物資を運ぶ商船をUボートから発射した魚雷によって撃沈した。イギリスを孤立状態にして干上がらせる作戦で、これが成功してドイツの潜水艦の威力が大きく喧伝されることになった。しかし、この攻撃によって荷を送るアメリカ側の被害が累積し、ついにアメリカが参戦することになって戦争の帰趨が決まってしまった。

　潜水艦は海中を潜って航行する。当然、それを探知するための研究も行なわれた。水中では電磁波は短い距離で減衰してしまうのに対し、減衰の小さい超音波を利用することを提案したのがフランスの物理学者ポール・ランジュバンである。超音波である短波長の音波を潜水艦のような物体に照射して、その反射波を解析すれば、物体の大きさや距離、そして速さや運動方向までも探知することができる。彼が提案した「反響定位システムSound Navigation And Ranging」はソナー（SONAR）と呼ばれ、第一次世界大戦中の一九一七年に完成した。

　一方、一九一六年後半に初登場した戦車は、元々カリフォルニア州の農民がぬかるんだ農地を耕すために無限軌道《キャタピラー》を付けた車両を使っていたことに目を付け、その車両に防弾のために鋼鉄を張って装甲車としたのが始まりであった。この開発プロジェクトを隠すために貯水タンクを作っているとの噂を振りまいたことから「タンク」というコードネームが付けられ、これがそのまま戦車の英語名となっている。敵が放つ銃弾をものともせず、塹壕や砲弾によって作られた大きな穴を難なく通過でき、鉄条網は簡単に突破し、小さな樹木ならなぎ倒しながら進むことができる戦車は、戦争に欠かせない兵器となった。

第一次世界大戦と言えば、凄惨な毒ガス戦となったことを省くわけにはいかない。一九〇九年、空気中の窒素からアンモニアを人工合成する「空中窒素の固定法」を発見して、低コストで窒素肥料を手に入れられるようにしたのがフリッツ・ハーバーであった。人口増を支える食糧の増産を可能にしたのである。第一次世界大戦が勃発した一九一四年、ハーバーに接触してきたドイツ軍当局の最初の依頼は、火薬の原料である硝石がイギリスの海上封鎖のためにチリから輸入できなくなった場合、いかなる方策が可能であるかの相談であった。ハーバーは、自らが考案した空中窒素の固定によるアンモニアの合成法を利用して、綿火薬を生産すればよいと助言した。ハーバーが戦争のために自らの化学の知識を活かした最初であった。既存の知識の軍事利用である。

続く相談は、敵軍は戦車や大砲の迫撃を避けるために深い塹壕を掘って抵抗しているのだが、何らかの化学物質を使って塹壕から追い立てることができないだろうか、というものであった。火炎放射器が発明されて塹壕に火を放つ方法が立案されたが、これだと敵軍に接近しなければならず犠牲者が多く出る。敵から離れていても塹壕から兵士を追い立てる方法の相談である。そこでハーバーが提案したのが毒ガス爆弾であった。当時、水の殺菌用に使われていた塩素ガスを詰め込んだ爆弾を敵に向かって放てば、敵兵は呼吸困難になって塹壕に閉じこもっていられなくなる。喉を傷めた敵兵は、食べ物を摂ることができなくなり、やがて死に至るというわけである。

これに力を得て、ドイツ軍は化学戦研究部隊を起ち上げてハーバーを責任者として招き、本格的に毒ガス戦を開始することになった。連合軍も塩素ガスを使うようになると、ハーバーは新たにホスゲンを使い、さらにイペリットなどのマスタードガスを使うなど、無臭であるが体内の粘膜に深刻な爛れを引き起こす毒ガスへと拡大していった。これに対抗して、連合軍もマスタードガスに手を広げる。このように、敵味方双方が入り混じっての悲惨な毒ガス戦となったのである。

一九一五年にハーバーの妻クララは、自分の夫が戦争のために毒ガス開発に打ち込んでいることを知り、夫に対して止めるよう懇願したが聞き入れられず、拳銃自殺で命を断った。また親友であったアルバート・アインシュタインから「君は傑出した科学的才能に恵まれているのに、それを大量殺戮のために使っている」と非難されたが、その諫言も受け入れなかった。ハーバーは、これらの抗議や忠告にもかかわらず、毒ガス開発と戦場での使用の研究・実行を続けたのである。なぜ、そのような心境に陥ってしまったのかについては、次章で述べる。

第二次世界大戦における軍事開発

第二次世界大戦ではもっと大がかりに科学者が戦争に協力したのだが、第一次世界大戦と異なるのは、科学者がより積極的になり、プロジェクトによっては著名な科学者が提案し、主導者となって軍事開発を進めたことである。そこで採られた方法は、新たな原理に基づく新兵器を開発することを目標にし、政府が多数の同分野の科学者・技術者を集めて莫大な資金を提供し、集中的に研究・開発を推進するというものである。その典型がレーダー開発のための電波研究であり、原爆開発のマンハッタン計画であった。さらに、ロケットやミサイルやジェット機の開発も行なわれた。それとともに、戦時物資としての血液製剤や抗生物質の研究があり、暗号解読のための数学研究、そしてコンピューターの開発などへと拡げられた。いずれもが科学者の研究心をくすぐるテーマであったことは確かで、科学者たちは進んで軍に協力したのである。

レーダー開発は、元々一九三五年に、ラジオ波の伝播状態を調べるためにマイクロ波を空中に照射し、その反射状況から高層大気のイオン化状態を探査する装置を実用化したものである。この装置は電波探知機（Radio Detection And Ranging）と名づけられ、レーダー（RADAR）と呼ばれるようになった。やがて、マイクロ波をごく短時間だけ特定のターゲット（飛行機、船舶、クルマ、ミサイル、宇宙船、嵐の中心部、地形、野球のボール、スキーのジャンプの際の人間など）に次々と当てて反射させ、その反射波を受信して解析すると、物体までの距離や視線方向の速度（飛行物体の場合は飛行高度と移動方向と速度）まで測定できるようになった。マイクロ波は、金属やカーボンファイバーで効率よく反射されるが、特定の磁性材料などメタマテリアルと呼ぶ物質では、乱反射したり、吸収されたりする。飛行機の機体表面にこのような物質を塗布しておくと、レーダーで捕捉されにくい飛行機となる。それがステルス機である。

また、用いるマイクロ波の波長を対象物の大きさよりも充分短くしないと反射効率が悪いため（電波が反射されずに通過したり、回折したりする）、レーダーに使われる電波の波長を短くするための研究がこぞって行なわれるようになった。そのために開発されたのが、内部に複数の小さな空洞《キャビティ》を持つマグネトロン（磁電管）で、第二次世界大戦前の一九四〇年には波長がわずか一〇センチで五〇〇ワットの出力のレーダー装置が開発されていたという。

第二次世界大戦中には、より波長が短く、より強いパワーを生み出すマグネトロンを始めとして、各国で新レーダーシステムの開発競争が行なわれた。具体的には、高度を下げて襲撃してくる飛行機を探知できるレーダー、大出力の沿岸防衛レーダー、空中迎撃レーダーと呼ばれる航空機や潜水艦搭載レーダーなどが製造・配備され、爆撃機のみならず、潜水艦（ドイツのUボート）の発見に威力を発揮した。海を越えてやって来る爆撃機に襲撃されるイギリスではレーダー開発が進み、ドイツを凌駕していたという。日本では、静岡県島田市に設置された研究所で朝永振一郎・小谷正雄・宮島竜興らの若手物理学者がその研究に励んだ。戦争が終わった一九四八年に、朝永振一郎と小谷正雄は、戦時中に行なった「磁電管の発信機構と立体回路の理論的研究」で日本学士院賞を受賞している。このように、レーダーの開発は軍事研究であっても電波技術の基礎研究から始めねばならない領域であったから、科学者たちは熱心に研究に打ち込んだのだろう。

このとき、日本では「殺人光線」の開発だと呼んだらしい。これを敵兵に浴びせかければ即時に殺すことができる光線だと、いかにも強力な武器の開発のように言ったのである。これは誇大表現のように聞こえるが、必ずしも百パーセント誇張ではない。現在、電子レンジ（正式名はマイクロウェーブオーブン）で使われている電波（マイクロ波）の波長は一二センチ程度で、水分子に効率よく吸収されることを利用している。つまり、このマイクロ波を食品に浴びせると、内部の水分子に吸収されて激しく運動する（加熱される）ようになる。もし、人間を入れられるようなサイズの箱の電子レンジを造り、そこに人間を閉じ込めてチンすればその人間を殺せるだろう。といっても、電子レンジのようにマイクロ波を収束させて当てる場合は殺人光線になるが、ラジオやテレビで送受信しているような自由空間ではマイクロ波は広がってしまうから、人は殺せない。

一九三八年の暮れに、オットー・ハーンとフリッツ・シュトラスマンはウラン（235）に中性子を衝突させる実験を行ない、その実験を解析したリーゼ・マイトナーとその甥のオットー・フリッシュは、ウランが核分裂を起こして莫大なエネルギーが放出されることを明らかにした。一九三九年には、この結果がアメリカに亡命していたニールス・ボーアに伝えられ、ボーアは理論物理学の会議で発表してたちまち世界中の物理学者が知ることになった。その後核分裂のさいに二個以上の中性子が同時に放出することが実験で確かめられ、それが連鎖反応を引き起こして超強力爆弾となり得る可能性へと理論的予測が広がっていった。その軍事的な利用について、アメリカ・イギリス連合とドイツそして日本が、それぞれ異なった対応をすることになった。

アメリカでは、ナチスドイツが先にウラン爆弾を開発すれば世界は危機に陥るとの懸念から、ハンガリーから亡命した物理学者レオ・シラードが先導して、ルーズヴェルト大統領にウラン爆弾をドイツより先に開発するよう訴える手紙をアインシュタインに書かせた。一九三九年八月のことで、実際に大統領の手に渡ったのは十月であった。ただちにウラン諮問委員会が招集され、ウラン爆弾を製造するためには、ウラン235を分離濃縮することと、連鎖反応の進み方を見るための原子炉を製作することが話し合われた。しかし、アメリカにおける爆弾の開発はそのままでストップした。イギリスにおいて、より詳しい検討がされていたためである。

イギリスでは、前述のフリッシュとルドルフ・パイエルスが爆弾の製造に必要なウラン235の最低必要量（臨界質量という）を計算し、爆弾の製造が可能であることを明らかにした。その結果、一九四〇年に原子力研究のためのモード委員会が設立され、そこで研究が進められたのである。一九四一年七月にモード委員会は、およそ一一キログラムの濃縮ウランがあればTNT火薬一八〇〇トン分の破壊力を持つ爆弾が製造可能であるとの結論を出し、アメリカと共同で研究・開発を進めるべきとの報告書を提出した。この報告書がアメリカに送られ、一九四一年十月になってシカゴ大学のアーサー・コンプトンが主宰するアメリカ科学アカデミーの審査委員会で議論された。十二月になって、科学研究開発局の局長であるヴァネーヴァー・ブッシュが動き、国防総省としてマンハッタン計画を起ち上げることになった、という経緯がある。

最初に手を付けたのは一九四二年秋に開始された実験用の原子炉製作であった。核分裂の連鎖反応の進行具合を調べ、原爆の製造が可能であるかどうかを確認するためである。イタリアから亡命してきたシカゴ大学のエンリコ・フェルミが責任者で、シカゴ大学のフットボール場の観客席の下に原子炉が建設された。グラファイトのブロックを幾層も重ねた姿から「パイル」と呼ばれ、その中にウランの塊を入れたブロックを積み重ね、中性子をよく吸収するカドミウムの制御棒を出し入れして反応をコントロールするというものであった。早くも十二月には、核分裂連鎖反応が一定の割合で持続する臨界状態を実現させるのに成功した。これによって原子力時代の幕が開かれたのだが、兵器（超強力爆弾）製造が目的となって原子力開発が開始されたという歴史は後まで尾を引くことになる。

以上に見てきたように、アメリカの原爆開発の最初は科学者が先導し、軍をひっぱるかたちで進んだことがわかる。ウランの核分裂という、まだ科学者以外誰も知らなかった現象であったため、軍事研究を科学者が持ちかけるという進み方となったのだ。マンハッタン計画では、軍の責任者としてレスリー・グローブスが指名され、科学者側の責任者としてロバート・オッペンハイマーが着任することになった。単純に言えば、爆弾製造の基本的な枠組みは科学者が決定し、ウラン濃縮工場や原子炉や研究者の居住施設などインフラの建設は軍が行なうという分業体制だが、実際には科学者がプロジェクトのイニシアティブを取って推進したことになる。その代表がオッペンハイマーであった。

ウラン爆弾を実現するためには、臨界に達するのに必要な量の濃縮ウラン（および一九四〇年に発見された核分裂をするプルトニウム）の製造と、臨界量以下に分けた濃縮ウラン（またはプルトニウム）の塊を合体させ臨界量以上にして連鎖反応を起こさせる、という二段階が必要である。そのために、テネシー州オークリッジにウラン濃縮工場、ワシントン州ハンフォードにプルトニウム製造用の三基の原子炉を建設して原爆の燃料を供給し、カリフォルニア州ロスアラモスに研究所を設立して装置の組み立てと連鎖反応実験を行なうという体制を採った。この三拠点に科学者・技術者一万二〇〇〇人以上を集め、総計で当時の金額で二〇億ドル（現在の価格で約二兆円）を要したとされる。原爆が完成した（プルトニウム型二個、ウラン型一個）のは一九四五年七月であったから、アメリカがマンハッタン計画として本格的に取り組んでから三年半という短時間で完成したのである。

原爆開発の当初の目的はナチスドイツより先に原爆を完成させることであったから、ドイツが原爆開発には程遠い状態であることが判明した一九四四年の暮れには、もはやアメリカで原爆開発を続行する理由はなくなっていた。しかし、この段階でロスアラモスを去ったのはジョセフ・ロートブラットただ一人で、科学者たちは原爆開発を続行しつづけたのである。なぜ、彼らは原爆開発を止めなかったのだろうか。その理由から、科学者の軍事研究への参加の本音についての示唆が得られる。

考えられる理由を列挙してみよう。

（1）科学者がアイデアを出し、軍に莫大な資金を提供させて原爆製造に挑んだのだから、成功という結果をもたらさないまま中止することができなかった。完成しないで終われば、資金提供者（国民なのだが、軍だと信じている人間もいる）に対して面目が立たないという感情もある。むろん、せっかく営々と力を尽くしてきたのだから、中途でやめるのはこれまでの努力が水泡に帰すという気持ちも強い。日本でいったん進みはじめた公共事業が止まらないのと同様、これまで投じられた資金がムダになるのはもったいないとの意識もあっただろう。

（2）科学者は「世界初」であることを何よりも求めており、核分裂反応を操作して超強力爆弾を製造することは、まだ世界で誰も実現しておらず、「世界初」の名誉を手にすることができる、との意識も強かった。だから「世界初」を目の前にして中途で止めることはできなかったのである。リチャード・ファインマンは「ドイツが負けてその理由がなくなったとき、そんなことは念頭にも浮かばなかった。（略）僕は考えることを止めていたんだ」と書いているように、まだ誰もチャレンジしていないことに熱中しはじめると何もかも忘れて没頭し、それが人類にどんな悲惨な結果をもたらすかについては眼中になくなるのである。事実、ファインマンは後になって、「社会的無責任」であったと反省している。

（3）理論通り莫大なエネルギーが放出されるかどうかを実際に験《ため》してみたいとの好奇心も大きかったと思われる。理論では巧くいくはずだが、実際には理論通りには進まない、ということは科学の現場では往々にある。そこでいろんな工夫をして、理論の予言が正しいかどうかを確かめていく、通常の科学実験の気分である。また、原爆の爆発力が大きすぎて、現実にいかなる状況がもたらされるかについて想像がつかなかった可能性もある。何しろこれまで最大のＴＮＴ火薬の三〜四桁も大きい爆発力が予言されていたのだから、そう簡単に実現しないと高をくくっていた科学者も多かったのではないか。一九四五年七月十七日になされたトリニティ実験でその威力を目の当たりにして、ようやく自分たちが甘く見ていたことに気づいたのであった。爆発の大きさを見て、「これで俺たちすべてはゲス野郎（bitches）の手下になってしまった」とのケネス・ベインブリッジの言葉は、そのことを物語っているような気がする。

（4）原爆が実際に使われたら悲惨な結果を招くとの懸念から原爆の実戦投下に反対した科学者たちもいた。彼らは、無人島で日本の軍人たちの目の前でデモンストレーションを行なえば、これ以上戦う意欲は萎えるだろう、そう考えて大統領宛の請願書の署名運動を始めたが、たった五三名の署名しか得られず、大統領にも届かなかった。その後広島・長崎に投下されたのだが、この段階ではもはや原爆使用の権限は軍人に移っているとの見方が科学者たちに広がっていたのだろう。この署名運動は、「原爆を造ったのは我々だが、使うのは軍人（や政治家）だから、罪は我々になく、軍人（や政治家）が負うべきだ」と言うためのアリバイ作りという側面がある、という穿った見方もある。我々はここまで努力したのだから後の責任は知らないよ、というわけである。

ドイツにおける軍事協力

では、ドイツにおける原爆開発の状況はいかなるものであったのだろうか。ドイツでもただちにハーンとシュトラスマンの実験の重要さに気づき、一九三九年四月という早い段階で専門家会議が招集され、九月にはヴェルナー・ハイゼンベルクを中心として核分裂反応を兵器開発に使う可能性を検討する「ウランクラブ」が発足している。ハイゼンベルクが提出した報告書では、ウラン２３５を十分に濃縮すれば既存の爆発の一〇倍以上強力な爆弾にできるというもので、核分裂爆弾の重要性を指摘していた。そこでカイザー・ヴィルヘルム生物学研究所の一角に「ウイルス・ハウス」と呼ぶ研究室が用意されることになった。人々の眼から遠ざけるため、いかにも危険そうな名が付けられ、そこで秘密研究が開始されたのである。軍が秘密研究を行なう場合、好奇心を持った人が近づかないよう、「殺人光線の研究」と名づけて大きな危険と隣り合わせであることを警告するか、「ウイルス・ハウス」と呼んで近づくといかにも危ないという気にさせる手が打たれるらしい。

いずれにしろ、ドイツはイギリスのモード委員会発足と同じくらいの時期に（アメリカのマンハッタン計画よりは二年先駆けて）原爆製造のプロジェクトに着手したのである。ヒトラーが超兵器なるものを夢見ていたこともあって、ウランクラブにはそれなりの資金提供があった。実際、一九四二年に軍の兵器局の資金で人工超ウラン元素を作るための加速器を建設している。それとともに、ヒムラーやゲーリングなどの高官たちに対して、ハイゼンベルクは超強力な爆弾の可能性について講義をし、ナチス幹部たちの興味を惹きつづけるよう努めていた。

実際のところは、ハイゼンベルクが大きな計算間違いをしていて、濃縮ウランが連鎖反応で爆発に至る臨界量は何百キログラム以上と大きく見積もっていたらしい。このことは終戦後、ドイツの科学者たちがファーム・ホールに閉じ込められていた（ドイツ降伏後、有力なドイツの科学者たちをイギリスの片田舎ゴッドマンチェスターという町の邸宅「ファーム・ホール」に閉じ込め、彼らの会話を盗聴してドイツの核開発計画を探り出した）とき、日常会話の中でハイゼンベルクがそのように話していたことから、事実と考えられている。その間違いのため、必要な濃縮ウランが簡単に手に入る量ではないと考え、ウランより少量で爆発を起こす新元素が見つかるかもしれないとして、原子炉を建設し、中性子反応によって超ウラン元素を作ることにしたのである。同僚のカール・ヴァイツゼッカーがこの可能性に気づいていたためらしい。また、原子炉を暴走させてハイブリッドな爆弾とすることができないか、とも考えていたとされる。ウラン238に中性子を吸収させることで、核分裂効率がウランより大きいプルトニウム239が作られるというアメリカのグレン・シーボーグの発見は機密として公表されず、ドイツはこの事実を知らなかったのである。

このような経過から、ハイゼンベルクが中心となって原子炉製作から出発したのだが順調には進まず、それとともに軍からの資金も少なくなって、結局ハイゼンベルクは「原子炉まがい」のものを作っただけで、終戦を迎えることになってしまった。ドイツは一九三〇年代までのノーベル賞受賞者の三〇パーセントも占めていたにもかかわらず、原爆開発で（実はレーダーの開発も）連合軍から大きく後れをとったのには、いくつかの理由がある。

（1）ナチスのユダヤ人差別がどんどん厳しくなったため、多くの有能なユダヤ系科学者がドイツを見捨てて国を去った結果、ドイツ国内にはナチスのシンパのような科学者しか残らなかったこと。そのため、ウランクラブはほとんどハイゼンベルクの独壇場になり、彼の計算間違いや開発方針の問題点を指摘する人間がいなくなってしまった。戦時の軍事研究であっても、カリスマの科学者が権威を振り回し、研究者の間の自由な議論がないと研究は進まないのである。これに対し、オッペンハイマーはグローブスの反対があったのを無視して、ロスアラモス研究所内での自由な討論を奨励しつづけた。

（2）ドイツには科学者と技術者の間に身分的な差が大きく、ウランクラブは科学者の集団であって技術者は招かれなかったこと。そのためハイゼンベルクが取りかかった原子炉も簡単な技術的な問題を解決することに時間を取られた結果、中途半端なままそれ以上進展しなかったのである。アメリカではオッペンハイマーの方針もあって、科学者と技術者は対等な関係で議論し合うことで原爆製作の困難を乗り越えることができたと言われている。

（3）ヒトラーが実権を握っており、ヒトラーの意向や気まぐれや好みが兵器に対する方針を決めていたこと。そもそもヒトラーがウラン爆弾のことを理解していたとは思えず、見かけが派手で強烈な被害を与える印象のある兵器に好意的であったから、必然的に軍事開発予算はヴェルナー・フォン・ブラウンのミサイルやロケット開発に重点配分されるようになった。独裁者がすべてを取り仕切るようになると、戦略全体を見渡すことができなくなり、偏った判断がまかり通るようになってしまうのである。

科学者と戦争を考えるうえで、一つのエピソードを紹介しておこう。第二次世界大戦中の一九四一年に、ナチ占領下のデンマークを訪れたハイゼンベルクが秘かにニールス・ボーアと会合を持ったことが知られている（マイケル・フレインの戯曲『コペンハーゲン』で有名になった）。この会合でいかなることが話し合われたのかは長い間不明であった。ボーアの死後、投函されなかった手紙が公開され、それによると、ハイゼンベルクは、いずれナチスがヨーロッパを征服すると考えており、そのことを前提にしてボーアは行動するよう説いたらしい。それに対しボーアが激しく怒ったと推察されている。しかし、戦争が終わってからのハイゼンベルクは、ボーアと核爆弾の使用禁止について国際的な協力をいかに進めるかの相談をした、というような偽善的な言い方をしている。

また戦後になって、ドイツが原爆を作ることができなかったのは、自分（ハイゼンベルク）が意図的にサボタージュして研究を進展させなかったためである、と自らを正当化する虚偽を述べている。ハイゼンベルクのような著名で優れた科学者が、このような虚言を吐いて自分の行動を正当化しようとすることに、悲しい思いがする。いくら優秀な科学者であっても、戦争に加担し、後になってそれをごまかそうとする態度は許せないし、実に恥ずかしい。戦争への協力は、科学者としての資質がはっきりと問われることを覚悟しなければならない。

ハイゼンベルクは「戦争を科学のために利用する」と述べていた。彼は科学の発展を第一として戦争を歓迎した科学者であり、ドイツ人であることを重んじてドイツがヨーロッパの科学を牽引することを夢見ており、戦時においては熱烈な愛国者であったのだ。戦後に彼が語った数々の虚偽に近い弁明は、愛国者ゆえの苦しい言いわけと解釈できる。

一方、先に述べたように、ナチスドイツはフォン・ブラウンが率いる弾道ミサイル（ロケット）に武器開発の重点を置くようになった。第一次世界大戦後に締結されたヴェルサイユ条約では各種の軍事技術の開発が禁止されたのだが、ロケットはまだ実現していなかったため、条約では言及されていなかったのである。ロケット開発は物理学者と工学者との協力が欠かせない。実際、ロケットの発射、推進、慣性飛行、落下の各段階において、それぞれ異なった重要な物理過程がある。また、液体燃料の推進剤（エタノール）と酸化剤（液体酸素）に何を採用するか、燃焼室におけるそれらの配合、燃焼ガスのノズルからの噴射、機体の空中での安定性、そのための制御装置、ロケットの姿勢を保つジャイロスコープの活用など、実に多くの工学的開発要素もあるからだ。ペーネミュンデ兵器実験場には多くの科学者・技術者そして多数の作業員が集められた。ロケット開発の技術者であったフォン・ブラウンは、若くしてその指導者に抜擢されたのであった。

最初に製造されたＶ１飛行爆弾は、今日の巡航ミサイルの原型で、ジェットエンジンを動力源とし、エンジンの吸気口から取り込んだ空気と燃料を混ぜて点火し、燃焼ガスを後方に噴出して前進する。速度が小さかったからスピードの大きい飛行機なら打ち落とされるという欠点があった。しかし、イギリスに向けておよそ一万発のＶ１が発射され、ロンドンでは空からの無人ミサイルの攻撃についてまったく無防備であったため、およそ六〇〇〇人の死者を出している。続いて開発されたのがＶ２ロケットで、いったん酸素がない大気圏外に出ても飛行できるよう酸化剤も載せたロケットエンジンで、およそ時速三五〇〇キロメートルという大速度と高高度からの攻撃であったため、迎撃することはほとんど不可能であった。命中精度が悪かったが、それでも二五〇〇人ほどのロンドン市民が殺された。

このロケット開発にもウラン爆弾開発にも共通して起こった悲劇は、ロケット開発ではエンジンの大爆発が何度も起こって作業員が一万人以上亡くなり、ウラン爆弾ではウランの強烈な放射線を浴びてやはり作業員六〇〇〇人以上が亡くなっていることだ。フォン・ブラウンもハイゼンベルクも、そのことを知りながら隠して軍事開発を推し進めたのである。軍事科学者は自分のプロジェクト推進のためなら、どんな犠牲があっても無視して進む存在なのであろうか。

フォン・ブラウンは終戦後アメリカに亡命して大型ロケットの建設に従事し、アメリカの人工衛星の打ち上げや大陸間弾道弾（ＩＣＢＭ）の実現、そしてアポロ計画を成功させる中心人物となった。彼の有名な「宇宙に行くためなら、悪魔に魂を売り渡してもよい」という言葉は、宇宙進出への彼の執念を示すものではあるが、それがどのような害悪を人々にもたらすのかを一切考えない独善的な心情を如実に表している。果たして、科学者に「悪魔と取引する」というような特権が許されるのであろうか。

日本における軍事協力

最後に、日本の科学者と戦争に対する寄与について述べておこう。明治維新以来、富国強兵政策を国是とし、そのために科学技術立国を掲げてきた日本においては、第二次世界大戦が終了するまで国家の要請に応ずる科学技術でありつづけてきた。むろん、基礎科学を禁じたわけではないが、科学は技術をより有効に活かすために必要なものであって、自然観や宇宙観のような文化の基礎を形づくる営みとは捉えられなかった。国家の要請に応じて国家のための科学技術を構築することが目的であり、科学者もそのことを当然としていたのである。

そのことは、帝国学士院賞の受賞者として、第三回（一九一三年）の「軍艦の設計」、第一一回の「日本刀の研究」、第一六回の「元良《もとら》式船舶動揺制止装置の研究」、第一八回の「高速度艦船に関する研究」、第二四回の「耐火物に関する研究」、第三〇回の「兵器考」と「鋳鉄の研究」、第三一回の

「磁電管に関する研究」（恩賜賞）など、まさに富国強兵のための研究が多く受賞していることからも推測できる。明らかな軍事研究も含まれており、日本ではたとえ軍事開発のためであっても、「特定の論文著書その他特種の研究にして、その成績卓絶なるもの」として受賞できたのである。

日本においても原爆開発に手を付けたことはよく知られている。理化学研究所にいた仁科芳雄に陸軍から依頼があり、ニ号研究（仁科のニ）と呼ばれた原爆開発が一九四三年から始まっている。仁科は、元来は軍事研究に消極的であったのだが、ミッドウェー海戦で大敗したことを漏れ聞いたことで、「滅私奉公の念に徹し、研究報国に挺身しなければならない」と新聞に書いているように、愛国者に変身したらしい。彼の弟子に理論研究やウラン原料の入手や濃縮を手伝わせているが、爆弾として考えたのではなく、原子炉を造って暴走させるというハイゼンベルクと同様なアイデアであったようだ。むしろ、軍と協力することで、大型サイクロトロンの建設や宇宙線の研究などの基礎研究にも便宜が得られると考えていたのかもしれない。

一方、海軍は京大の荒勝文策に依頼し、一九四二年頃から基礎研究を開始して一九四五年に正式にF研究（核分裂のFission の頭文字）となったのだが、敗戦間近であり、ほとんど理論研究に終わった。湯川秀樹や坂田昌一もこの理論計算を手伝っており、そのような痛恨の経験があったため、彼らが戦後核廃絶運動を先導したのではないかと推測している。日本は伝統的に陸軍と海軍の中が悪く共同歩調がとれなかったのだが、ただでさえ少ない軍事開発費を二分したため、大がかりな実験を行なうことができなかったのである。

原爆開発とは異なり、軍から莫大な研究費(年間二〇〇〇万円)が支給され、軍人約一三〇〇名、軍属(軍人以外の文官)約二二〇〇名を抱える大部隊として、細菌兵器など生物・化学兵器の開発を行なったのが、いわゆる満州七三一部隊(正式名「関東軍防疫給水部本部」、石井四郎中将が隊長であったため「石井部隊」とも呼ばれる)である。その正式名にあるように、兵士の感染症の予防や部隊の給水体制の整備を行なうことが主目的であったが、まもなくペストや腸チフスや炭疽菌などの病原菌の培養、ノミなど媒介生物に感染させて散布する、など生物兵器の開発・製造・使用を行なう機関となった。それらの生物兵器の実験のために、中国人や朝鮮人やロシア人などをスパイだとか捕虜として拉致し、人体実験を行なったのである。捕虜たちは「マルタ」と呼ばれたことでもわかるように、人間扱いされなかった。人体実験は、細菌感染実験のみに閉じず、凍傷や壊疽や銃弾実験などで人間を破壊して、どの程度まで耐えられるか、どのように病状が推移するか、などの研究に及んでいる。

注目されるべきことは、これらの人体実験に、京大・東大・京都府立医大・金沢医大などの数多くの医学者が協力したことである。生体反応を見るためには、医学者にとって人体実験を行なうことがもっとも望ましい。ラットやマウスを使う動物実験では間接的な情報しか得られないためである。しかし、人体実験は人道上許されることではない。

そこで、戦時であることに乗じて捕虜などに対し秘密裏に人体実験を行ないながら、動物を使った実験だと偽ってデータを取得したのである。大学の教授たちは欲しいデータを石井部隊に申告し、許可が得られると若手の助手や講師を満州に派遣して人体実験を行ない、そのデータをもとに論文を書き、また学位を取得して出世していった。

石井四郎は当然軍事裁判にかけられて然るべきであったが、アメリカ軍に人体実験で手に入れたデータを引き渡すという密約をして訴追を免れた。また、戦争に便乗して人体実験のデータを手に入れた医学者たちは、その事実は一切口を拭ったまま戦後世界を（エライ先生として）尊敬されて生き延びたのだった。その所業は公然たる事実として知られてはいるが、七三一部隊の施設や書類など一切が完全に破棄されて直接証拠がないため、罪を告発する運動は広がらないまま幕が下ろされようとしている。なお、石井四郎の右腕と言われた軍医の内藤良一は、戦後「ミドリ十字」という輸血用血液の売買を行なう会社を興し、非加熱製剤によって薬害エイズの感染を拡大させたことで知られている。ミドリ十字には、七三一部隊の隊長であった北野政次が顧問、班長であった二木秀雄は取締役に就任しており、戦争犯罪者の巣のような会社であったが、倒産し身売りして今はない。

この七三一部隊の人体実験問題は、医学者という科学者が自らの学問的興味のために戦争を利用し、そのことを何ら反省することなく戦後をのうのうと生きたという「医学者の組織的犯罪」として、まことに恥ずかしく、また腹立たしい事件である。人間はここまで卑劣に振る舞えるものだろうか。

三つの軍事革命

これまで、主に科学者の戦争への協力について述べてきたが、最後に科学者の軍事研究が、いかに軍事力を増強させ、戦争を忌まわしいものとしてきたかをまとめておきたい。

古代から人類は戦争を続けてきた。土地や食料をわが物にしたいという欲望のため、周囲の異民族の侵略から生き残るため、子孫を作る女性を確保するため、などの理由から小競り合いがあり、紛争へと拡大し、戦争という総力戦にまで発展した。特に、今からおよそ一万二〇〇〇年前、定住して農耕を営み、動物を家畜化し、食糧を貯蔵して飢えから解放されるようになった時代から、互いを殺し合う戦争が起こる度合いが増えていることが遺跡からわかる。石斧、握り斧、こん棒、石槍などで獣と戦ったり、農作業に使う鋤や鍬や鎌などの道具で、致命傷を受けたと思われる頭蓋骨が多数見つかっているからだ。そこに侵略者の集団的暴力行為と農業共同体の反撃の戦いを読み取ることができる。

戦争と離れがたくなった人間集団は、より効率的に相手を殺せる方法を研ぎ澄ますようになる。優れた武器を所有する方が戦いに有利となるということは自明の理であるからだ。そのために、より効率的に相手を殺し、より完璧に目標物を破壊し、より遠い場所から敵を監視して殺傷でき、敵をより強烈な恐怖に陥れ完膚なく壊滅させる、そんな優れた武器の開発には優れた科学の力が必要になる。もっぱら科学を研究する科学者が生まれたのは十九世紀に入ってからだが、古代の呪医や魔法使いと言われた人間は自然の観察に長《た》けて科学の基本的知識を戦争に応用していたし、中世以来軍隊を持つようになった王国や封建国家では、武器を洗練する役目の戦争科学者が雇用されていた。近代になってから、科学的知識を豊富に持って軍事研究を専門に行なう科学者が存在するようになった。まさに、戦争に協力した科学者たちが、戦争の犠牲者を増やす役割を果たしてきたのである。

第一の軍事革命

最初の軍事革命は、十四世紀頃から西洋で広がった火薬の使用である。それまでの武器は、青銅製や鉄製の剣や槍や矛、飛び道具の弓（長弓＝ロングボウ）、鋼鉄の矢を何本も飛ばせるクロスボウ、回転するアームを備えた投石機（カタパルト）、木製の車輪を馬で引かせるチャリオット、漕ぎ手の列を二段にしたガレー船（軍船）などで、基本的には人力や馬力に頼り、個人を対象とした殺戮手段であった。

やがて火薬が発明され、その爆発力を銃や大砲などの飛び道具に利用し、効率的に人を殺傷したり建築物等を破壊したりするようになった。戦争の武器への火薬の活用が第一の軍事革命である。

火薬は紀元九〇〇年頃に中国で発明され、始めは爆竹を鳴らすおもちゃの材料であった。やがて、火薬が燃えるときの爆発的なエネルギーの放出を利用することが考案されるようになった。最初に発明されたのが、槍の柄の先にチューブを取り付け、そこに石や鉛の粒とともに火薬を詰めて発射する火矢・火槍・火箭《かせん》で、蒙古では安定して飛ぶ火箭を何本も飛ばせる火筒（ロケットの原型）が工夫された。蒙古のヨーロッパ遠征がこの武器を西洋にもたらし、火薬の伝来となったのである。それにいち早く目を付けたのが先に述べた十三世紀のロジャー・ベーコンで、遅くとも十四世紀にはヨーロッパ全体で「火を吹く兵器」である火薬が広まった。

十五世紀に、火薬を用いた武器として最初に発明されたのが「ボンバルト」と呼ばれた丸い石を打ち出す大砲の一種で、やがて鋼鉄製の弾丸に火薬を詰め込んで爆発力を強化するとともに、火薬の爆発力で発射する大砲（カノン）となった。さらに大砲が持つ射程と火薬のパワーを活かした移動式の小型砲が工夫され、戦場のいたるところに登場するようになった。十六世紀の初めには火縄銃（マスケット銃）と呼ばれる小型の銃が発明された。一五四三年に九州の種子島にポルトガル人が漂着し、そのとき二丁の火縄銃が日本に伝わり、それが元になって鍛冶職人が国内に鉄砲を広めたのは有名な話である。その頃は、鉄砲鍛冶の職人が最先端の技術者であった。

産業革命を迎えるまでに、航海術の改良、軍艦の出現、大砲の小型化、使いやすい小型火器の発明、より安全な火薬の開発、中国から伝わった羅針盤の実用化などにより、いわば武装集団としてのヨーロッパ人の海外進出・奴隷貿易・占領地の植民地化が進められた。産業革命を迎えて、生産力を増大させたヨーロッパの国々は、強力な武器を背景にして海外制覇へと乗り出していったのである。これらは兵同士が殺し合う戦争に加え、侵略した土地の社会体制や経済構造をも破壊し大きく変化させる、新たな総力戦であった。黒色火薬から綿火薬へ、そしてニトログリセリンからダイナマイトへと爆発力を増すとともに、大砲の大型化による威力の増大、コルトによるレボルバー、ガトリングの機関銃、ミルズの手榴弾などが次々と発明され、ますます効率的に人間を殺傷することが可能になった。これらを発明したのはいずれも技術者であり、さらに彼らは発明した武器を売り込む死の商人でもあった。

第二次世界大戦は、この第一の軍事革命の極に達した戦争であり、潜水艦・戦車・航空機が自在に戦場を駆け回って、海から陸から空から銃弾を浴びせかけるようになった。同時に、艦船と航空機を結びつけた空母が海戦を支配し、ミサイルやロケットによる無人攻撃が開始され、爆撃機による焼夷攻撃（ナパーム弾や焼夷弾や火炎放射器）で徹底した都市の破壊が行なわれた。大砲や砲弾の爆発力の巨大化が進むとともに、地雷やクラスター爆弾という陰惨な兵器も使われるようになった。火薬の徹底利用と言える。

第二の軍事革命

第一の軍事革命は、現在においては通常兵器と呼ばれるように、破壊力はそう大きくはないが使いやすい兵器という位置づけである。むろん、集中的な砲火による破壊力は巨大なものとなったが、それには多数の戦車や航空機の出動を必要とする。ところが、第二次世界大戦の末期に発明された原爆は、一発の爆発でTNT火薬一万五〇〇〇トン（＝一五キロトン）分の爆発力を示し、広島・長崎に投下されて都市全体が破壊され、七〜二〇万の人々が殺された。また、ビキニ被爆で有名になった水爆は、さらに原爆の一〇〇〇倍以上の爆発力（TNT火薬一〇〇〇万トン＝一〇メガトン）を持ち、東京やニューヨークのような大都市を一瞬に灰燼と化し、三〇〇万人以上もの人間を殺傷できる超巨大な威力を持つ。こうして火薬に比べて何桁も大きな破壊力の原爆・水爆が発明され、それがミサイルに搭載されて空中から攻撃する核兵器となった。これが第二の軍事革命である。

現在では大型（戦略）核兵器の運用体制は、大陸間弾道弾（ICBM）、潜水艦搭載弾道弾（SLBM）、そして戦略爆撃機という「核の三本柱」に集約されている。今後、人工衛星に搭載した宇宙核兵器が登場するかもしれない。冷戦が激しく戦われた頃は世界の戦略核兵器は六万五〇〇〇発を超えたが、米ソ（ロ）の核兵器削減交渉が進んで廃棄され、現在では一万六〇〇〇発程度になっている。こうして、一時の核狂奔状態は去ったかに見えるが、日本のように核の傘に入っている国々も実質的に核兵器で武装する状況が続いており、まだまだ核戦争の危機は終わっていない。

第二次世界大戦後、核兵器を用いた世界戦争も大国同士の戦争も起こっていない。これまで核兵器を実戦に使うことがなかったのは、戦場で核兵器を使えば広島・長崎と同様な惨状を招くことは明らかで、それをあえて行なえば世界において孤立してしまうこと、下手をすると全面核戦争を招いて人類の絶滅につながるとの判断があったためである。一九五〇年の朝鮮戦争、一九六三年のキューバ危機、一九九八年のインド・パキスタン紛争における両国の核威嚇、二〇一七年の北朝鮮のミサイル実験など、核兵器の使用が検討されたり脅しの道具として使われたが、戦場で使われることはなかった。超巨大な破壊力を持つ核兵器を保有していることを背景にして、もっぱら戦争の抑止力（核抑止力）として使われてきたのである。

他方、中性子爆弾や原子砲というような、比較的爆発力を小さく抑えた小型核爆弾も発明されたのだが、今のところ実戦に使われていない。小型核爆弾とはいえ、その爆発力は大型火薬砲弾の一〇〇倍以上であり、多数の人間を残酷に殺すのみならず、生き残っても放射線被曝で死ぬまで苦しませる陰惨な兵器である。原水爆禁止運動や被爆者運動によって、核兵器がもたらす悲惨な状況が広く伝えられたこともあり、使われなかったのだろう。しかし、アメリカが「核戦略態勢の見直し」政策で、核兵器の先制不使用政策を否定するとともに、低爆発力の小型核兵器の導入を打ち出しているように、敵の攻撃の抑制と報復のための核使用が俎上に上がっている。

二〇一七年、核兵器禁止条約が国連総会で可決されたが、核保有国や日本など核の傘に入っている国々はそろって不参加で、核抑止論神話はいまだに生きている。ここで「神話」というのは、通常兵器の威力はいっそう陰惨度を高めており、核兵器のみが戦争そのものを抑止しているわけではないからだ。さて、人類が核の軛《くびき》から脱するのはいつのことだろうか。

第三の軍事革命

現在の世界は、火薬を使った通常兵器と原水爆を使った核兵器で武装しているが、いよいよ人工知能（AI）を使った第三の軍事革命が起こりつつある。

AIは、人間しかできなかった知的活動（認識、推論、言語の理解や運用、判断、創造などの知能の働き）を、コンピューターを使って情報処理をして機械的に実行するものである。脳が行なう知的活動を代用するだけでなく、学習と計算と推論を組み合わせて人間以上の能力を発揮させようとしているコンピューターがAI（人工知能）である。大量のデータを読み込んで、その特徴や傾向を探り出し、そこから期待される行動を推理するコンピューターは、すでにオセロや将棋や碁においてプロ棋士を負かすほどになり、医療用AIは病気の診断・診療法の提示にまで進んでいる。現在、ビッグデータと称して多数の消費者のあらゆる行動履歴の情報を集め、消費行動や性癖や知的関心などについて個人の動向を割り出すのにＡＩを使うのが大流行している。個人のプライバシーは剝ぎとられる状況になりつつあるのである。ロボット社会の到来が間近と言われているが、ＡＩ搭載のロボットが工場の単純作業だけでなく、さまざまな複雑な仕事が組み合わさった家事ロボットや、火災現場で臨機応変に行動する火事ロボットなどとして実用化されようとしている。

このようにＡＩの能力は日々拡大されて指数関数（倍々ゲーム）的に増大し、二〇四五年頃には人間の能力を完全に圧倒して、人間に代わってＡＩ自らが判断し決断し実行するようになると言われている。これが技術的特異点《シンギュラリティ》問題で、コンピューターに内蔵されているネットワーク回路が人間のニューロン数を大きく上回るため、ＡＩが自動的に判断能力を獲得して「自律型」（外部からの制御を脱して、自分で自分の行動を決定する）になるというわけだ。そうなれば、人間の介入は不要になり、たとえばＡＩを搭載したロボットが人に命令されることなく、自分で判断して自分がどう動くべきかを決め、そのまま実行することになる。

第三の軍事革命として、このようなＡＩを搭載した自律型兵器の登場が近いうちに起こるとされている。実際には、もうすでにその走りは登場している。無人飛行機のドローンによって、敵を偵察し、上空から爆撃しているからだ。遠くの基地から兵士が遠隔操縦しているから、まだ自律型兵器ではないという言いわけがなされているが、特定の人間をＡＩが自動的に識別して攻撃を加えることは間近になっている。また、夜間に赤外線を発する物体を検知すると、それに向かって自動的に銃を発射する無人機関銃が配備されるのも近いという。そうなれば、もはや自律型兵器と言えないでもない。グーグルやマイクロソフトが国防総省からの依頼を受けて、人間集団における特定人物の認証・追跡システムを開発し、自動運転する車からの射撃などの方法を開発していることはよく知られている。

自律型殺人兵器としてのＡＩ搭載のロボット兵器はまだ先のことだが、もし実現すれば敵だと見做せば際限もなく殺戮するとか、人間のコントロールが効かず、道徳に悖《もと》る不必要な苦痛を多大に与える兵器と化す可能性がある。この第三の軍事革命はまだ本格的に展開していないからこそ、今のうちに規制の網をかける必要があるが、ＡＩ開発の経済的利得に目がくらんで一向に進んでいないのが実情である。第3章ではＡＩ兵器の禁止条約について述べる。

第2章　軍事研究をめぐる科学者の常套句

軍事研究に手を出して戦争に協力した科学者たちは、自分の行為を正当化するためとか、成果を自慢するとか、世間の厳しい目に対する言いわけとかをしつつ、自分だけではないとの逃げ口上とか、居直りとか、責任転嫁とか、さまざまな言辞を弄して戦争協力してきたことを隠したり、無関係を装ったりしてきた。それらを集めることで、科学者としての本音や言い分、考え方の限界や一方的な思い込み、卑怯な心情や思い上がりなど、科学者の人間性のようなものが探れないか、というのが本章のねらいである。

科学者は、一般的には幼い頃から優秀で、純粋培養的に育てられた人間が多く、社会的な常識に欠ける人間が多い。しかし、そのことには気づかず、自分の考え方こそ正しいと思い込んで自己主張する。スペインのオルテガ・イ・ガセットがその著書『大衆の反逆』に書いているように、「科学主義の野蛮性（自分が知っている分野のことには非常に詳しいが、いったん分野を外れると赤ん坊同様の知識しかないのに、あたかも何もかも知っているかのように振る舞うこと）」は、科学者への痛烈な批判として受け入れねばならないのだが、そのように考えようともしない。自己本位なのである。科学の研究では自分が考えた通りに行なえることを、そのまま他の問題にも適用して傍若無人に振る舞いたがるのだ。

以下に、科学者がよく口にする軍事研究（戦争協力）をめぐる常套句を取り上げて、そこに潜む科学者の心情やものの見方の偏りを洗い出すことにしよう。いくつも集めると、戦争に協力する科学者の心情を客観的に見ることができるだろう。

「戦時には愛国者になれ」

科学的真実には国境はない。いつでも、どこでも、誰が試しても、同じように成立するのが科学的真実である。この普遍的に成立する法則を求めて研究するのが科学者であり、科学者は国家や人種や宗教や性別といった人間を区別（差別）する要素には無頓着で、国際的な結びつきを当然だとして繋がっている。そして、科学の発展のために国際的共同研究を行ない、研究を推進するために互いに国際協力をすることは当たり前で、必要な場合には研究交流のための金銭的・物質的援助さえも惜しまない。科学を特徴づける言葉は国際性・普遍性・真実第一であり、科学者はそれを当たり前としていることは疑いない。

しかし、それは平和なときの寛容な気持ちが横溢しているときである。いったん戦争という緊急事態を迎えれば、科学者も愛国者になるべきであるという論調に豹変する。戦争となれば社会全体が異常な雰囲気（自国が絶対に正しく、敵国が絶対に間違っているとか、味方は寛容だが、敵は狡猾であるとかの雰囲気）になり、科学者もそれに巻き込まれ、自制心を失うからだ。国家が存亡するかどうかの状況だと決めつけ、敵国となった科学者との国際協調などは吹き飛んでしまい、自らの属する国家が第一ということになってしまう。そうなると科学的真実を媒介として通用していた普遍性や国際性を置き去りにしてしまい、何はともあれ自国にこそ正義があると主張し、真実を歪めることだって躊躇しない。そして戦争に勝つための戦時研究に邁進し、人を殺す技術を研ぎ澄ますことに熱中する。軍事開発のための研究資金が増えることを大歓迎し、研究の自由度が増えたと錯覚して、それに報いようと愛国者となってますます軍事研究に励むのである。

日本は第二次世界大戦が終わって七〇年以上もの間平和が続き、このような戦争状態を経験しておらず、また当面はそのような状況にはなりそうにない。そのため、戦時における愛国者意識が想像できず、そんな状況は考えられないから、あり得ない妄想と思うかもしれない。むろん、私はそういう平和な状態が永遠に続くことを祈っているが、そうならない懸念もある。というのは、多くの科学者が「国を守るためには自衛することが必要」と言い、「家族を守るためには通常兵器の開発を行なうことはあり得る」と述べているからだ。自衛のための戦争が起こり得ると考え、愛国的な行動を採ることを否定していない。つまり、戦争という特別な場合には積極的に軍事開発に協力することに吝《やぶさ》かではなく、科学者が愛国者に変貌するという予測は必ずしも荒唐無稽ではないのである。そこで、科学者が戦時に愛国者となった事例を辿り、どのように言っていたかを検証してみよう。客観的に省みることにより、科学者の限界のようなものがわかると思うからである（自衛論の問題点については第5章で論じる）。

ラザフォードの弔辞

イギリスのヘンリー・モーズリー（一八八八―一九一五）は、加速した電子によって励起された原子番号Zを持つ原子核が放つX線のエネルギー（波長の逆数）はZの二乗に比例することを実験によって発見した。一九一四年のことであった。この結果は、後に「モーズリーの法則」と呼ばれるようになったのだが、ボーアの原子模型を確立するうえで非常に重要な役割を果たしたことが知られている。この仕事で彼はノーベル賞受賞が確実と見られていたが、第一次世界大戦が勃発するや志願兵として従軍し、一九一五年のダーダネルス海峡での戦役で戦死してしまった。まだ二十七歳であった。このモーズリーの死を聞くや、イギリス物理学会の重鎮であったアーネスト・ラザフォードは雑誌『ネイチャー』に弔辞を発表して、モーズリーの死を悼んだのであった。

その弔辞でラザフォードは、まず、

　わが国の科学に携わる者たちは、わが国の前途ある多くの若い科学者が新しい軍隊に志願したことを誇りと憂慮の入り混じった思いでみてきました。

と、若い科学者が応召していくことに「誇り」と「憂慮」というアンビヴァレントな感情を抱いていたと言う。「誇り」は「国家の要請に対して速やかに快く応えたこと」で、ラザフォードは、いざ戦争となれば誰もが国や軍のために尽くすことを当然と考えており、モーズリーが愛国的行動から軍に志願して戦場に赴いたことを高く評価しているのである。戦争になれば科学者は戦争に馳せ参じるのが当たり前で、軍に協力し寄与すべきであることを無条件に肯定しているのだ。

つまり、ラザフォードは戦争を批判・否定する気持ちをまったく持っておらず、戦争が起これば誰であれ愛国者にならねばならないと主張する。戦争という事態に直面すれば、科学は軍や国家のための道具となり、科学者はそのために尽くさねばならない、と考えているのだ。戦争を忌避する、あるいは反戦的行動をする、というようなことがラザフォードの心中にまったくないのは明らかである。

他方、「科学にとって取り返しがつかない損失を与えることに対して深く憂慮しております」とある「憂慮」する内容は、「科学にとって損失を与えること」であると述べる。その理由は、

> わが国の初期の軍事機構が柔軟性を欠いて、兵役を志願した科学者を前線の戦闘員として使ったことは、国家的な悲劇であります。

というもので、科学者を一般の戦闘員と同じ扱いをしたことである。ラザフォードは、国家は戦争における科学者の有用性を認識して、危険な前線に送るべきではないと主張しているのである。科学者

を弾除けのために使うのはもったいない、戦争のための研究に従事させるべき、というわけだ。そのことを、モーズリーの死に対する国家へのクレームとして、

彼（モーズリー）がトルコ兵の弾丸に曝されるよりも、戦争によって必要とされるいくつもの科学研究の分野の、どれかに従事していたならば、国家にとってより有効であったであろうと思うがゆえに、モーズリーの早すぎる死は、より一層悔やまれます。

と述べている。

この文章には、実に容易ならざる主張が含まれていることに気づく。科学者は国家の役に立つ知識と能力を持つ貴重な存在なのだから特別扱いせよ、と主張しているからだ。ましてや戦争になれば、科学者は戦局を有利にするために役立つのだから特別待遇は当たり前、と強調する。それを認めると、科学者は特権を持ち、社会から特別扱いされるのが当然、となってしまう。それでいいのだろうか。

私としては、科学の知識や能力を戦争のために使うことは科学の本来の任務ではなく、科学を汚すような行為に手を汚すべきではない、と言うべきだと思う。科学者は人を殺すための特別な能力を持つ人間ではなく、人々の幸福と世界の平和のために尽くす人間であるはずだからだ。ラザフォードは自分の信念をそのまま正直に披瀝したのであろうが、そして科学者の誰もが当然彼の意見に賛成すると思って弔辞を『ネイチャー』に発表したのだろうが、科学者としてのエリート主義が露骨に見え、

偉大な科学者も戦争となればこうなるのかと感慨深い。

フリッツ・ハーバーの言

第一次世界大戦を毒ガス戦の泥沼に引き込んだ張本人であるドイツのフリッツ・ハーバーも、「戦時の科学者は人類や純粋科学のためではなく祖国に奉仕すべき」と考えていた。実際に、

国家の存亡が科学力にかかっている総力戦においては、最前線でライフルを持って戦う兵隊と同じく、科学者もひとりの戦士なのだ。

と述べている。平時のときの科学者には国境はなく、普遍的な知識を求めて自由な交流を行なっているが、いったん戦争が始まると国境で分断され、それぞれの国のために尽くすことが当たり前、というわけだ。ただし、科学者は一兵卒として従軍するのではなく、戦争のための武器や装備品を開発するという、特別な任務に従事することが前提である。事実、ドイツでは第一次世界大戦時から科学者は前線に派遣されることなく、銃後で武器開発に従事することが推奨されていた。

ハーバーが毒ガス開発に熱中していた頃、イギリスの化学者フレデリック・ソディ（放射性崩壊系列の発見と同位元素の存在の提唱者）は、イギリス軍からドイツに対抗して毒ガスに関連する研究に誘われたが拒否し、「国賊」と非難されてロンドン塔に幽閉されそうになった。そのことを漏れ聞いた

ハーバーには、ソディの心情がまったく理解できなかったそうである。ハーバーは、自分が愛国者であるのと同様、ソディも愛国者であるはずと決めつけていたからだ。ソディの倫理的行動を知りつつもハーバーは毒ガス戦に一層のめり込み、戦争が終わった後でも自責の念を表明したことは一度もなかった。それと対照的な、ソディの科学者として尊敬できる態度を高く評価しなければならない。

ハーバーは第一次世界大戦後、戦犯者リストに載っていたが、多くの科学者の弁護があって訴追されなかった。それどころか、一九一八年にハーバーはノーベル化学賞を受賞した（戦争が終わった一九一九年の決定）。これに対してフランスとアメリカは、ハーバーの毒ガス開発が戦争犯罪に当たるとして異議を申し立てたが、ノーベル賞委員会は受賞決定を取り消さなかった。空中窒素からのアンモニアの合成という化学の業績のみを評価し、毒ガス戦の責任者であることを無視したのである。多くの科学者がハーバーを弁護したためでもある。たとえば、イギリスの優れた生物学者であるJ・S・B・ホールデンは、

この戦争は毒ガスが発明される前から邪悪であり、たとえ毒ガスが使われなくても、高性能爆薬や戦車、潜水艦や鉄条網によって邪悪な戦争でありつづけただろう。最初から想像を絶するほどに邪悪であった戦争に、さらに邪悪さを付け加えたからといって、フリッツ・ハーバーを責める理由がどこにあろうか。

と書いている。毒ガス戦に対するこのような科学者の評価を、いったいどのように考えればいいのだろうか。科学者は優れた業績を残せば、後はいかなる行動も許されるというのだろうか。

実は、ソディには一九二一年のノーベル化学賞が授与されている。むろん放射性同位元素についての大きな業績があり、科学者として尊敬できる行動を高く評価できるのは当然である。しかしそれだけでなく、ノーベル賞委員会として、ハーバー授賞時のしこりを解消するためのソディへの授賞であったのではないかと私は邪推している。

第一次世界大戦後、ハーバーは荒廃したドイツで科学研究を行なうための資金集めを目的として「ドイツ科学緊急対策協会」という団体の設立に参画した。そのとき、ハーバーは「国家としての我々の存在は、知的強国という地位を維持することにかかっており、大規模な研究組織と不可分である」と述べ、依然として国家主義的な学問観を持っていたことがわかる。国家への忠誠こそが第一であるとの信念は変わらなかったのである。実際、ドイツが再軍備して世界の強国として返り咲く日に備えて、ハーバーはさらなる化学兵器の研究に秘かに関わっていたらしい。

ところが、ナチスが政権を取ってからユダヤ人追放を行ない、ハーバーも「ユダヤのブタ」とナチスから罵倒されて国外に追放された。国家に忠実であった愛国者ハーバーであったが、見事に国家に裏切られたのである。ハーバーはパレスティナへの移住を決意して亡命先のイギリスからの旅の途中、スイスで心臓発作のために客死した。ハーバーの遺書には、自分の墓石に「戦争のときも平和のときも、許される限り国に仕えた」と刻むよう言い残されている。彼は自らをドイツという国家と切り離して考えることができなかった。科学者が国家との結びつきに捉われると、自らを国家と一体化して自分自身を客観視できなくなってしまうことを物語っているのではないだろうか。

愛国者とは

さて、ラザフォードやハーバーの言葉を読んで、読者諸君はどう考えるだろうか。率直に言えば、彼らは、いかなる理由であれ、戦争になれば誰もが愛国者とならねばならない、科学や科学者は戦争に協力しなければならない、科学者は戦争の場で特権的な地位を要求できる、そう主張しているのである。今は戦争をしているわけではないから、諸君はどう考えるべきか答えられないかもしれない。あるいは、自分に関係がないことを問いかけられていると思うかもしれない。

しかし、もう少し問題を敷衍して考えてみよう。科学が戦争遂行に大きな役割を果たすであろうことが明確になっている現在、平時においても同じような状況が求められているのではないか、ということである。戦争になってから武器を開発していては手遅れになるから、平時から戦争の準備をしておかねばならないことは自明であろう。あるいは、こんな強力な武器を持っていると仮想の敵に見せつけ、攻撃を思い止まらせるようにするため武器を宣伝に使うことは普通になっている。これが「抑止力」なのだが、たとえば軍事パレードで所有する武器を内外に公開するのも、抑止力の一つだろう。そこで見せつける軍事体制を確固とするためには、普段から科学および科学者を軍事開発システムに動員しておかねばならず、武器開発に協力する科学者に研究予算を潤沢に配分するというような特権的地位を与えることになる。このような措置は科学者の待遇の平時版と言えるのではないか。

実際、ここで述べたような方針を堂々と取って科学者に働きかけているのがアメリカ国防総省に所属するＤＡＲＰＡ（国防高等研究計画局）である。その手法は、民生研究として成されているさまざまな研究内容を調査し、軍事に応用できそうなテーマには大量の資金を投じて本格的な軍事開発（むろん秘密研究である）に向かわせるというものである。最近ＤＡＲＰＡが提示している研究テーマは、人型ロボットの開発、無人水中機・水中船の開発、ゲノム編集手法の生物兵器への応用、人工知能（ＡＩ）を利用した昆虫兵器の開発などで、それに協力しようという研究者に資金提供して取り込むという手法を採用している。

ラザフォードやハーバーの時代と比べていっそう科学と軍事の結びつきが強くなった現代においては、ＤＡＲＰＡのようなやり方がより日常化しており、科学者としてどう対応すべきかを考えることが求められているのではないだろうか。

愛国者に関して一言付け加えておけば、国や軍の方針に同調して軍事化に協力する愛国者もあれば、国を愛するがゆえに国や軍の要請を拒否し、軍事化に協力しない愛国者もいる。先に述べたソディは、自分の愛するイギリスが汚い毒ガス戦に巻き込まれるべきではないとして、毒ガス開発を迫る国の要請を断った。国家の言うままになるのが愛国的態度とは限らない。戦争が終わって、冷静になって振り返ってみれば、別の選択があったこともわかるのではないだろうか。科学者は、科学が真に活かされる方向は何かを考え、必要な場合には国家と対立することを逃げてはならない。

「もうこれで戦争は起こらない」

これまでなかったような新しく強力な武器を考案した科学者が口にする言葉は、いかにもこれで決着をつけたかのように、「もうこれで戦争は起こらない」という傲慢な言い草である。その理由として、新しく造り出した武器によって大量の悲惨な死者が生じるのだから、人類はもう戦争をする気がなくなるだろうから、と言う。

たとえば、アルフレッド・ノーベルは、「ダイナマイトの威力が非常に大きく凄惨な結果がもたらされることがわかれば、戦争は起こらなくなるだろう」と言明している。ノーベルは、従来の火薬よりも爆発力の大きいトリニトロトルエン（ＴＮＴ）がちょっとした衝撃で爆発する危険性があったのを、珪藻土を加えることで安定化させ、ダイナマイトを発明した。彼は、ダイナマイトは戦争に使うには爆発力が大きすぎるから、もはや戦争を起こす気がなくなるだろうと述べたが、ダイナマイトはいっそう戦争に重宝され、彼は軍との取引で大儲けしたのである。事実、九〇もの兵器工場を設立し、軍需物資を大量に売って巨大な財産を築いたのであった。「死の商人」と後世に言われることを気に病み、自分の全財産を投じてノーベル賞を設立することにしたとされているが、彼の「平和主義」の本質はどこにあったのだろうか。

あるいは、第一次世界大戦が起こる前、それまでの科学研究からもたらされた新兵器が凄まじい破壊力であるため、正気の人間なら二度と戦争をする気にならないだろうという考え方が科学者の間で広まっていた。ところが、世界大戦中に開発された機関銃やマスタードガスや航空爆撃機などの、より強力でより威力を持つ新規に開発された武器が続々と投入され、第一次世界大戦は「すべての戦争を終わらせるための戦争」と呼ばれた。しかし、戦争は終わることなく、第二次世界大戦が勃発してより大きなスケールでの殺し合いとなった。皮肉にも第二次世界大戦中に、「本当にすべての戦争を終わらせる最終兵器」として原爆が開発された。実際、そのように信じてマンハッタン計画に参加した科学者もいたのである。

「もうこれで戦争は起こらない」の常套句には、科学者自らが作り出した強烈な威力の武器を誇りたいとの傲慢さが感じられる。「人類が発祥以来長く克服できなかった戦争を、これほどの凄い発明で止めさせることができるのだ、偉大だろう！」と胸を張っているように思える。これは「力には力で対抗し、力で制することで戦争は終わる」という発想なのだが、力を競い合う戦争は終わらないことは明らかである。というのは、そのうちに、必ずより強い力を持つ武器が発明されて戦場に投入されるからだ。実際、時代を経るとともに武器はより強力になり、戦争はより悲惨で残酷なものになっていった。

他方、この「もうこれで戦争は起こらない」の常套句には、「このような非人道的な兵器を発明して申し訳ない。しかし、それによって戦争が終わるのだから許してほしい」との、懺悔の気持ちを込めた言葉として受け取ることも可能ではある。巨悪を生み出してしまったのだが、戦争廃棄という大きな善に繋がるのだから許されるべきである、というわけだ。しかし、この殊勝そうに聞こえる弁解の言葉は、実はごまかしの表現である。というのは、巨悪の非人道的兵器を生み出したのは現実であって、それが戦場における残酷な殺傷として目の前に生じているのに対し、大きな善に繋がるのだから免罪してほしいと訴える戦争廃棄は未来のことであって、願望に過ぎないからだ。願望をあてにして現実を受け入れてくれ、というのは真の懺悔にはならない。これまでの歴史を見ても、このような願望の通りになったことは一度もない。単なるポーズに過ぎないのである。

大量殺戮兵器としての核兵器は、その強力な抑止力によって実際に「戦争を終わらせている」ではないか、と言われるかもしれない。たしかに核戦争は起こっていないが、まだ最終的に核戦争が起こらないことが証明されたわけではない。核弾頭の数は減ったとはいえ、ゼロにはなっていないのだから、まだ核戦争が起こる可能性はあるからだ。超強力兵器が登場すると戦争が起こりにくくなるのは事実だが、超強力兵器が存在する限り戦争は終わらないことも事実である。超強力兵器を持つ国はそれにしがみつき、持たない国は虎視眈々とその弱点を狙ったり、さらに強力兵器の開発を試みたりするためである。戦争を完全になくすためには超強力兵器そのものも廃棄しなければならない。その意味で、核抑止力に頼っての戦争がない状態はまだ不完全であり、戦争を廃棄できているわけではないのは明らかである。

実際に核戦争が起こり得る場合として、

①独裁者が支配する「ならず者国家」や「のけ者国家」が核兵器を保有し、将来の紛争で敗北し

そうな場合（北朝鮮にその可能性があった）、
②核事故または意図しない核兵器の発射が起こった場合、
③核兵器を管理する軍の司令官にならず者がなった場合、
④テロリストが核爆発装置を入手した場合、
⑤核兵器を持つ国の間の局地紛争（インドとパキスタンの確執やイスラエルとイランの紛争など）が大戦争へと発展する場合、

などが考えられる。それらのどの一つも起こらないとは誰も言えない。核戦争の可能性はまだ残っているのである。また、核戦争は起こらなかったが、通常兵器を用いた戦争は依然として続いており、通常戦争が上記の①〜⑤のいずれかに繋がる可能性は消えていないことも押さえておくべきだろう。

さらに付け加えておくべきなのは、「非致死性通常兵器」と呼ばれる兵器が実際の戦場に投入されるようになったことである。この兵器は、人間の殺害や傷害、建築物や環境の破壊を最小にしつつ、交戦相手の兵と武器を無力化するような兵器のことである。実際に提案され兵器化が進められているものとして、ゴム弾やプラスティック弾、劣化ウラン弾や高圧放水砲などの物理兵器、催涙ガスや神経阻害剤、悪臭弾や刺激物噴霧などの化学兵器、微生物や細菌の散布、ゲノム編集によって遺伝子操作した新種の病菌や疫病を発生させる生物兵器などがある。また、研究が加速されている兵器として、電磁パルスや高出力マイクロ波、低エネルギーレーザーや超音波などを利用した指向性エネルギー兵器がある。これらは直接人間を殺傷するのではなく、ＩＴ回路や電子回路を破壊することによって、私たちの日常のインフラ（輸送、生産、病院、家庭、銀行、交通システムなど）を働かなくする兵器のことである。現在の社会構造は、このようなソフト面の攻撃に対して脆弱であり、そこを衝いた兵器開発に精力が割かれている。

つまり、現代は、強力な殺傷力のある核兵器のみではなく、人を直接殺さないが間接的に死に至らしめるような非致死性の通常兵器に力点が入れられており、そこに科学者の知恵を注ぎ込もうとする動きが顕著なのである。言い方を換えれば、人を直接殺すという罪悪感を抱かせない兵器に軍事開発の力点が移っており、軍事開発を行なう科学者も良心の痛みを感じなくて済むというわけだ。

このように、兵器が破壊する（無力化する）対象はさまざまであり、今や生活や生産過程の全分野が攻撃目標となっていると言っても過言ではない。その意味で、これまでのような強力な殺傷力を恐れて戦争は終わるとの見方は単純であったことがわかる。戦争では互いの戦闘能力や戦争を継続するための設備をいかに効率よく破壊するかで勝敗の帰趨が決まることは昔から変わっていない。その方法が、かつては兵士や軍の基地や交通の要衝を狙って破壊していたのだが、第二次世界大戦になって民間人をも巻き込んで家屋や建造物を全面破壊する空爆になり、今ではインフラが機能しなくなるような被害を集中的に浴びせるという手法になっている。そのために工学者のみならず、物理学者、化学者、生物学者などを装備の開発に誘導し、日常に行なっている民生研究の延長としての軍事研究に向かわせているのである。その点では、科学者がもはや「戦争を終わらせる」というような傲慢な言葉を吐かなくなったことは確かである。直接的により強力で、より大きな殺傷力を持つ武器の開発の時代は去りつつあると言える。

「より人道的な兵器の開発である」

人を殺傷するのが目的の兵器であるにもかかわらず、自分が考案した兵器は「人道的（あるいは道徳的）」であると言う科学者もいる。そもそも、「人間を殺傷する人道的な兵器」とは形容矛盾なのだが、それを開発した科学者はそう思い込んでいるのである。たとえば、先に述べた「非致死性通常兵器」は人を殺さずに敵にダメージを与えられるから「人道的」であると主張する。そのような言い方で、自分が考案した兵器の残虐性を糊塗しようとしているのか、あるいは自らを慰めているのか、いずれなのだろうか。

十九世紀後半に、水洗トイレの流水装置や自動種まき機など、五〇近くもの特許を取ったリチャード・ガトリングは、小型で一分間に四〇〇発の弾が連射できる機関銃（ガトリング砲）を発明した。彼は友人に宛てた手紙に、

一人の兵士が一〇〇人分の任務をこなせるだけ速く弾を発射できる銃を発明できれば、大規模な軍隊を派遣する必要性が大幅に低くなり、兵士が戦闘や病気に曝されることも大幅に減るだろう。

と書いている。自分の機関銃を使えば戦争の期間も、動員される兵士も、死傷者の数も減ると主張したのである。つまり、「兵器の威力が増せば増すほど（結果的に）死傷者は減る」とし、「この武器は人道的で慈悲深い」というわけである。

原爆が広島・長崎に投下された後、二つの意味で「原爆は人道的兵器である」との言説が飛び交った。一つの言説は、原爆の使用によって終戦が早まり、進軍する多数の米軍の兵士（および抵抗する多数の日本兵）の命を救うことになったから人道的だ、という主張である。これと同類の、トルーマン大統領が言ったとされる「原爆は一〇〇万の米軍の命を救った」という言葉を、いまだに多数のアメリカ人が信じており、原爆は人道的兵器との信念が刷り込まれてしまった。アメリカ人の多くが核に対する恐怖心を抱かないのは、そのためでもある。

もう一つの言説として、原爆に限らないのだが、強力な威力の武器は人間を苦しめることなく一気に人を殺すから人道的だとする論がある。武器によって負傷して半身不随になったり、後遺症を抱えたりして、戦後の長い人生を苦難と苦痛を背負って生きることを強要するより、あっさり殺す武器の方が、その人にとっては幸せで道徳に適っているというわけだ。その論では、原爆では何万人もの人たちが放射能の被爆で苦しんできたのだが、その何倍もの人々が爆撃の効果（爆風と高温）、あるいは強い放射線を浴びて即死したことは、むしろ人道的ということになる。

人道的・道徳的という言葉については、その言葉をどのような観点から、誰が使っているかを吟味する必要がある。人間の生死を決定することができる強者の論理で言うときは、恩恵とか施しとか慈善とかの意味が強く、真の道徳にかなった人道性とは言い難い。殺される側に立った見方はまったく無視されてしまうからだ。また、単純な死者と生者の数の計算になってしまうと人々の喜怒哀楽が一切取捨され、物体扱いされるので、道徳性が薄れてしまう。しかし、ともすれば科学者は数のみを指標にし、そこに道徳性という意味をむりやり割り込ませるのである。だから、即死させる人間が多いと苦しめずに済んだという理由で人道的兵器になったり、逆に死者の数が少ないと多数を殺害しないから人道的兵器になったりする。なんと空疎なことであろうか。

マンハッタン計画に参加してロスアラモスで原爆の研究を行ない、終戦後軍事に関するシンクタンクのランド研究所に勤めたサミュエル・コーエンは、中性子爆弾を思いついた。原爆は、ウランやプルトニウムの原子核が核分裂して膨大なエネルギーを放出するとともに、放射能を周辺にまき散らして地上・水・大気を汚染する。そのとき、原爆は最初の爆発で非常に高温になって人間を焼き殺し、その際に発生した爆風波で人間を吹き飛ばして二度目の殺戮を行ない、さらに放出された放射能の被爆によって三度目の殺害になる。コーエンは、原爆は人間を三度も殺すから実に非人道的な兵器だとし、人間を一回だけ殺す爆発力の小さい人道的な中性子爆弾を考案したという。一度でも人間を殺すだけで十分非人道的なのだが。

中性子爆弾は、核分裂による爆発を小規模にとどめ、生じた熱で核融合反応を引き起こして多量の中性子を発生させて敵を攻撃する兵器である。コーエンは、中性子爆弾の爆発力は原爆の一〇分の一の威力しかなく、①爆心地に大量の放射性汚染を起こさない「クリーンな爆弾」であること、②爆発の勢いと熱はあまり大きくないので建物を破壊せず、爆風波も弱いこと、③発生した中性子は壁を通り抜けて内部にいる人間を殺傷するが建物は破壊しないこと、の三点を挙げて人道的兵器であると主張した。人間を三度も殺す原爆に比べ、中性子爆弾は一回殺すだけなので道徳的だというわけである。ブラックユーモアみたいだが、コーエンは実際にそう考えていたらしい。さらに、原爆や水爆を使用した核戦争が起これば「核の冬」がもたらされ、敵も味方も共倒れになってしまう。しかし、中性子爆弾に切り替えるとこのような危険性も心配しないで済む、とコーエンは言っていたそうである。

今、盛んに宣伝されているのは、武器を装備して空中から爆撃できる無人の飛行機「ドローン」が人道的であるとの科学者や軍の主張である。ドローンを正確に定義すると、「ミサイルを装備した飛行型の高解像度ビデオ」であり、「遠隔操作によって敵を攻撃する能力を備えている一種の殺人ロボット」でもある。アメリカでは「プレデター（捕食者）」とか「リーパー（刈り取り機）」と呼ばれているが、その名の方がふさわしい。最初は、長時間空中に滞留して、敵を識別し、監視し、場所を特定し、敵部隊を釘付けにする無人偵察機であったが、やがて爆弾を搭載して頭上から襲撃する爆撃機となった。その爆撃の標的は、上空から撮られた映像を下にして、遠く離れた基地からの兵士の指令によって選ばれ攻撃される。今や、アメリカ空軍の主力になりつつある。

このように無防備な敵を頭上から一方的に攻撃を加えるドローンが、なぜ人道的と言えるのだろうか。むろん、戦場で荒廃した区域に食料や医薬品を送り込めるという最近使われているドローンの効用の意味で人道的なのではなく、殺害手段である武器として人道的であるというのだ。その最大の理由は、自国の陣営の被害の可能性をなくし、もっぱら敵のみに被害を与えることである。自国の兵士にとって人道的なのだ。またパイロットを乗せない飛行機だから、乗組員の生命が失われる心配がない。さらに、パイロットは爆撃の現場をビデオで見るだけで、直接悲惨な現場を目撃しないのでPTSDになることもほとんどない。これらはパイロットにとって人道的なのである。かつては、高射砲からパイロットの生命を守るために高高度からの爆撃で命中率が低かったのだが、無人のドローンのおかげで低空から爆撃できて命中精度が上がったので、敵を苦痛なしに殺せるから人道的だともいう。命中率を上げようとしたカミカゼ特攻隊を考えてみろ、貴重なパイロット兵士は必ず犠牲になり、飛行機も一回切りしか使えなかったではないか、ドローンは、パイロットの命をムダにせず、精神の安定が保て、軍としての損害も少ない、これほど道徳にかなった兵器があろうか、というわけだ。

死をもたらす武器が「人道的（人間的、道徳的）な手段」であるとの主張の背景には、先に述べた「ドローンは命を救う。アメリカ人やその仲間の命だ」という独善的な考えがある。軍関係の雑誌には「誰も死ぬことはない——敵以外は」と書かれていたそうである。これを「軍事倫理学」と言うそうだが、「自分の命に何らリスクをもたらすことなく、敵の命だけを奪うドローンは善なる兵器」となるのだ。だから、ドローンは人道的に許容される武器であるどころか、ドローンを使うことはむしろ「道徳的義務」であり、戦闘員の殺傷を道徳法則に従って行なうためにはドローンを使わなくてはならない、ということになる（ストローサー米士官学校哲学教授の言）。

ここでの「人道的」という発想には、ドローン攻撃によって頻々と生じている民間の非戦闘員までも無差別に殺傷している事実についての反省が一切入っていない。どのような武器であれ、戦争に関与していない非戦闘員（市民、民間人）へのリスクを増大させてはならない。その点について、ドローンの支持者は、ドローンは技術の進歩によって非常に精緻であって、「副次的被害」を減らすことができていると主張する。昔の絨毯爆撃を行なった時代に比べ、標的を精緻にピックアップして攻撃を加えているだけ「道徳的」になったと言うのである。

しかし、決定的な問題が残る。武器は精緻になったけれど、標的を選択する際の識別能力に問題があるからだ。彼らは映像化の向上によって、より識別可能性が上がっており、誤爆は少ないと強調するのだが、実際に地上にいる個人が戦闘員かそうでないかを確実に見分けることができるのだろうか。武装し武器を携行しているか、集団で規律ある行動をしているか、怪しげな動きをしているか、それらをぼんやりしたビデオの画像で識別できるのだろうか。ドローンといえども、あまり低空飛行をすると打ち落とされる危険があるし低空だと遠隔操作もしづらいから、ドローンは適度の高度を保たねばならず、必然的にビデオ映像はぼんやりした像でしかなくなる。つまり、現在のドローンでは戦闘員かどうかを明確に識別する能力は非常に限られているのである。米国防総省がグーグルに発注していた「動く物体の画像認識テクニックの研究」は、まさに戦闘員か非戦闘員かの識別を行なうデジタル技術の開発であり、まだ応用段階には至っていない。

結局、標的となったいかなる対象も戦闘員であったことにすればよい。その結果、ドローンによって殺害される民間人（非戦闘員）はゼロとなるから、ドローンは実に精緻な武器ということになる。これがドローンは人道的で倫理的であるとの根拠なのである。

さらに、「いっそう人道的な」ドローンが研究されている。空間を自由に飛び回るナノ・ドローンとしての昆虫型小型飛行体（たとえばトンボやハエ）の開発である。それに致死性の化学物質を仕込んで敵に向かって放つのだ。鍵穴であっても通れ、遠隔操作で目標を定めた特定の人間に接近して殺傷する。これを使えば、家屋を破壊することなく、一人の人間のみを標的とすることができる。これこそ最高の人道的兵器というわけだ。実際、防衛装備庁が推進している「安全保障技術研究推進制度」の募集テーマとして「昆虫または小鳥サイズの小型飛行体の開発」が掲げられている。自衛隊もこのようなドローンが欲しくてたまらないのだろう。

このようなまやかしの「人道的」という言質に、科学者はおめおめと乗っていっていいのだろうか。人を殺傷する兵器が人道的であるはずがないではないか。

「軍事研究は科学の発展に寄与する」

軍事研究によって、自然界の普遍的法則を探求する科学が発展することはない。民生研究を行なっている科学者に依頼する軍事研究は、基本的には既知の法則を足場にしてその技術的応用を研究し、防衛装備品を製作するための基礎的なアイデア（デッサン、青写真、設計）を提案することが目的であるからだ。実際、防衛装備庁が募集する「安全保障技術研究推進制度」で掲げられている研究テーマを見れば、技術開発であることがはっきりわかる。基礎研究と呼んではいるが、実際は技術の応用・開発研究なのである。

応募者からの提案を得て、見込みがありそうなものについては、防衛装備庁所轄の研究所（陸上装備、航空装備、艦艇装備、電子装備の四研究所と先端技術推進センターがある）が引き取り、そのアイデアが現実に機能するかどうかをさらに検討する。理想状態では巧くいきそうだが、現実的条件下で検討すると成り立たないものが多いからだ。しかし、その中で有効そうだと判断すると、モデル（模型）を作って試し、巧くいくと実物の試作をして具体的な反応テストに入っていくことになる。このアイデアの段階と試作品が成功するまでの間に「死の谷」がある。首尾よく死の谷を通り越せた場合のみ、実用化に向けて本格的に開発し、生産に入るのである（これについては第4章でも述べる）。

つまり、大学などに従事する科学者が軍事研究に直接タッチできる部分は通常では少ない。試作段階まで招かれるのがやっとだろう。軍としては、成果の公開を求めたがる科学者には、秘密保持のために、軍事装備品に至る段階まで知られたくないこともある。むろん、技術開発に問題が生じた場合や更なる知恵を必要とする場合には、アイデアを提供した科学者に相談を持ちかけ助言を得ることもある。そのため、顧問とか評価委員というかたちで繋がりをつけておく。いったん軍事研究に足を踏み入れた科学者と引き続き関係を持っておくという意味もある。このように、軍はあたかも通常の科学プロジェクトのような体裁を取るので、科学者の側の違和感は少なく、軍事開発に深入りしたという意識が薄いままとなる。いかにも科学が発展するかのような錯覚を科学者に抱かせるのだ。その結果として、科学者は軍の資金を利用して基礎的な研究を行なったと思い込むことになる。

むろん、軍事研究を行なう以前に、軍が提供する研究資金の多さや自由度に惹かれる科学者も多い。現在の防衛装備庁の委託研究で採択されると、破格の予算が保証される。そして、今のところ研究成果の公開のためには、ＰＯ（プログラムオフィサー）にあらかじめ通知するだけでよいことになっている。だから、研究の自由度が高そうだし、いかにも民生利用のための開発研究のように見える。そのため、科学者が科学の発展に寄与すると錯覚するのである。米軍からの研究資金提供は、今も密やかに続いているが、これも研究発表の自由があり、資金の使い方に口うるさい注文がつかないため、米軍が純粋な科学の発展に援助していると思っている科学者も多い。

一般に、軍からの資金提供の入り口はこのように大きく開かれており、研究に関して軍からの干渉はほとんどないのが通例である。軍が資金提供するのは、まず科学者の研究分野の分布や人脈を知ることが第一の目標であり、研究状況を観察して研究の動向や水準を把握することを当面の目的としている。要するに、科学者の学問状況や人間関係を摑んでおくのである（魚釣りで餌を撒く段階）。

そして、今後軍事装備品の開発に有望そうな研究があれば、さらに大きな資金提供を申し出て秘密研究に引き入れる（釣り針に食いついた魚を釣り上げる段階）。これがＤＡＲＰＡ方式で、日本も追随してこの方式を進めようとしている。だから、始めの科学者の状況を探る段階では、科学者が抱きがちな、軍事研究に無理矢理引き入れられ戦争に協力させられるのではないかという不安感を取り除くべく、自由に研究をやらせるのである。科学者は軍の下心も知らず、ナイーブに科学の発展に寄与すると信じて軍に協力していくことになる。そもそも軍は学術機関ではないのだから、軍が純粋に科学の発展のために金を出すはずがないと警戒すべきなのだ。

もう一つ、軍事研究は科学の発展に寄与すると科学者が思い込むのは、軍が提供する資金の多さもあるのではないか。一九五一年の日本学術会議の「過去数十年で、学問の自由が高かったのはいつか？」という科学者へのアンケートで、最も多かった回答は「太平洋戦争の最中」であった。戦争中は軍から研究資金が豊富に出ていたから、科学者は研究資金の多さと研究の自由の高さとを等置しているのである。ハイゼンベルクが「戦争を科学（の発展のため）に利用する」としてナチス政府から多額の研究費を引き出したことを、科学者の多くが強く支持したのも、たとえ軍事研究であろうと研究費が豊富に出れば、科学者は研究ができるとして一番に歓迎したからである。軍事研究であっても、結局は科学の発展に繋がると信じていたのだ。しかし、軍事が優先されると真理は斥けられ、科学の発展は止まることを忘れてはならない。

「戦争（軍事研究）は発明の母である」

一方では、戦争（軍事研究）が技術の発展を促してきたとよく言われる。極端には、「戦争は（あるいは軍事研究は）発明の母だから、戦争が起こればより便利な世の中になる」と言う人さえいる。事実、

第1章に出てきた瓶詰（缶詰）はナポレオン戦争の最中に軍隊への食糧を供給するために発明された。コンピューターも、インターネットも、GPSのナビゲーションも、電子レンジも、血液製剤も、抗生物質も、ボールペンも、スプレーも、ナイロンストッキングも、と実にさまざまな日常の製品は戦争（軍事）を契機として技術開発され、私たちの生活を便利にし、健康保持にも役立っている。もっとも、ミサイルやロケットや原爆や毒ガスは戦争がもたらした害悪なのだが、それは問題にされない。私たちは便利で役に立つものは高く評価し、害悪でしかないものについては目を背けて無視しようとする。いずれにしろ、軍事（戦争）が多種多様な技術を開花させたのは事実である。

一般に「必要は発明の母」と言われるように、必要性があってから、それを満たすべき物品が発明されるのが普通である。それにとどまらず、さらに発明品から新たな必要が喚起されることがあり、「発明は必要の母」となっている側面もあることを押さえておくべきだろう。「必要」と「発明」は二人三脚となって刺激し合い、技術がより洗練されていくことになるのだ（たとえば、ポケットベル⇒携帯電話⇒スマートフォン）。こう考えると、戦争という緊急事態を迎えるとさまざまな必要が造り出され、それらの必要が発明を促し、発明が新たな必要を生み出し、という循環が起こるのではないかと思われる。

特に、武器についてはそうだろう。「技術的に優越」する武器は軍において常に求められている。いざ戦争になると武器の技術レベルが勝負の帰趨を決めかねないから、優越する武器の必要性は何よりも強くなり、軍はそのために大量の資金を提供することによって発明に繋げる。いったん発明されると、敵もそれと同じ水準になるのは時間の問題だとして、その能力を上回る武器が必要になって、また多くの資金が注がれる。発明が新たな必要を刺激するのである。このように、戦争になれば短時間の間に膨大な軍事資金を媒介として必要と発明の相互作用が起こり、技術が発展する状況が生まれる。そのために、「戦争（軍事）は発明の母である」かのように見えるのだ。

よく考えてみると、戦争は極限状態に人間を追いやるから、そのような状態では普段の生活とは異なった必要が多く生じる。兵士が輸送されるトラックの上でも手紙が書けるようボールペンが求められ、害虫が群がるジャングルに踏み込むと虫よけのスプレーが欲しくなる。兵士が傷を負うと輸血をしなければならないから血液製剤が必要となってくる。むろん、それらは私たちの日常生活においても、あれば便利なのだが開発に金がかかり、多くの需要があるかどうかわからない段階では投資がなされず、なかなか発明にはつながらない。

しかし、戦争という状況になれば、軍は兵士が要求するものなら何であれ手に入れようとする。兵士を戦いに専念させねばならないからだ。そのため軍は大金を投与して技術開発をせっつくことになる。その結果として、数々の発明がなされ、それをより使いやすくし、効率的なものへと改良し、その結果が一般社会に出回るようになる。このようなプロセスを経ることから「戦争は発明の母」と見做されるようになったと言える。すると、この言葉の根源は、戦争が生み出す必要性と膨大な軍の資金であるとわかる。

つまり、戦争は最初の必要性という引き金を引くのみであって、本質的には軍からの豊富な資金が投入されることで技術的課題が克服されるのだから、「軍の膨大な資金が発明の母」と言うべきなのである。平時の一般社会において必要性が出されても、需要が少ない間は企業は採算を考えて手を出さないから、資金を提供する者がおらず、発明には結びつかないことが多い。

また、軍の資金は取りも直さず私たちの税金なのだから、軍事研究のための研究費をありがたがる必要はなく、私たちは軍事研究ではなく民生研究として措置されることを求めるべきなのである。だから、軍に協力する科学者・技術者が「戦争（軍事研究）は発明の母」と言うのは間違っている。彼らは決して人々の幸福のための発明に励んでいるわけではなく、軍の金に引き寄せられて軍の装備開発のレールに乗せられ、発明を競わされているに過ぎない。軍事研究でいかにも技術が進歩しているように見えるが、実際には、軍に採用されると秘密となって、自由に発表することや民生利用ができなくなる。それで「発明の母」と言えるのだろうか。

「いずれ民生に活用されて役に立つ」

軍のための技術開発であることを認めざるを得なくなると、科学者から戻ってくる常套句は「いずれ民生に活用されるはずで、結局人々の役に立つのだからよいではないか」というものである。まさに、すべての技術が軍事にも民生にも使える「デュアルユース（軍民両用技術）」であることが言いわけに使われる。最初はスポンサーである軍が独占的に使うのは仕方がない、しかし、いずれ民生利用に回されるはずで、そうなれば結局人々の役に立つ、という理屈である。この言にはいくつかの欺瞞的詐術が含まれていることを指摘しておきたい。

一つは、軍が最初に独占的に使うことを当然とすると、その技術内容は公開されないことも当たり前になるという点である。軍事技術は、その性質上「特許」を取らないのが普通である。その結果、技術内容について多方面からの検討がなされず、技術が洗練される可能性が失われる。「特許」制度は、発明者の功に報いるために独占権を与えるとともに、内容が公開されて誰もがアクセスできることを目的としている。公開することが、より良い方式や異なった原理の製品を考案する契機になって技術の世界を豊かにし、さらに技術革新の連鎖が引き起こされることにもなる。ところが、軍事技術は一般の民生品のような「特許」には馴染まないから、技術が秘匿されてしまう。アメリカには「軍事特許」と呼ぶ、発明者は特定できるが内容は公開しないという変な制度があるそうだが、日本では今のところ認められていない。いずれにしろ、特許で内容を公開すれば、ただちにそれをより広く応用できる道が開かれるのに、軍事が絡めばその道を遮断してしまうのだから、せっかくの技術が泣こうというものである。新技術を開発した科学者として、果たしてそれで満足できるのだろうか。

二つ目は、「いずれ民生に活用されるはず」と科学者は期待するが、その決定権はむろん科学者にはなく、軍の手にある。ところが、科学者はそのことをはっきりと言わず（言えないのだが）、あたかも自分の裁量でそれができるかのように思わせている。それが欺瞞的なのである。科学者は「いずれ」軍が公開するであろうことを期待するしかないからだ。その挙句、公開が遅れてせっかくの技術が陳腐化してからでは意味がないし、また「公開されるはず」としていくら待っても、公開されないままである可能性もある。すべて軍任せである。つまり、「いずれ公開されるはず」は単なる願望でしかなく、科学者は空手形を発行しているに過ぎないのである。

三つ目は、「結局、人々の役に立つ」との言で、それならなぜ民生利用を目的とした研究資金を使って技術開発し、堂々と、かつ迅速に役立つようにしないのか、という疑問が生じる。研究資金がないからという言いわけは成り立たない。産学共同で企業に資金提供を呼びかける方策だってあるからだ。実際のところは、最初の段階では本当に役に立つかどうかわからないのが実情だから、その段階で「人々の役に立つ」と断言できないのである。とはいえ、研究競争が激しく、また役に立つことを強調することが習慣になっている現在の科学者にとっては、そのように断言することは当然になっている。しかし、この言が、いかにも自分は有望な研究を行なっているという印象を持たせるためでしかないとしたら、フェイクとしか言いようがない。

今や大学から支給される研究費は雀の涙でしかなく、競争的資金を獲得しなければ研究を続けることが困難になっている科学者にとっては、その応募書類に「役に立つ」「有望である」「大きな成果が期待できる」と書くのが習い性になっている。そう書かねばせっかく応募しても採択されないからだ。今や応募書類はフェイク満載なのである。そうすると、本当に役に立つ成果が手っ取り早く得られるように自分でも錯覚し、頭がその方ばかりに向いてしまって、幅広い視点で問題を見直したり、研究以外の社会的な問題について興味を持って考えたりすることがなくなってしまう。それを「タコ壺化」というのだが、それが視野の狭い、唯我独尊の科学者が増えている原因なのだろう。

とはいえ、先の「戦争は（軍事研究は）発明の母である」の項で書いたように、実際に戦争のための軍事研究によって開発され、その後民生利用されて人々の生活に大いに役立ったものは多くある。それが軍事研究に携わろうとしている科学者に自信を与え、「科学の発展に寄与した」とか「いずれ民生に活用されて役に立つ」という言葉を吐く誘因になっている。また私たちも、ともすれば軍事研究であっても人々の役に立つことになるのでいいのでは、と考えてしまう。この点について、コメントを加えておこう。

軍事開発の成果が民生利用されて人々の生活を豊かにしたことは事実であり、否定しない。しかし、何度も言うように、それは究極においては軍という組織が、開発のための金に糸目をつけずに提供したためであることを確認しておきたい。それでは、軍がなぜ軍事技術を公開して民生使用に提供するのであろうか。

まず第一に、軍が国民の支持を得るために、これほど国民に役立つ技術の開発を行なっているとの宣伝をするためである。軍は、本来、国家の軍事的安全保障のために税金を投じて設置されている存在である。だから、常に兵を外国に派遣して恒常的に戦争をしている国、敵国からの軍事的脅威を常に被っている国、テロや反政府勢力が強い国では、軍の存在の重要性は国民に納得させやすいが、平和国家の場合は一般に安全保障だけでは国民に縁遠い。そこで軍は、地震や水害などの災害が起こるとすぐに軍隊を救助隊に仕立てて存在感を示して喝采を勝ち取ったりしているが、ローカルで規模としては小さい。そこで軍事技術を公開して、いかに世の中に役立っているかを示せば、多くの国民が軍のおかげを被っていると認識するようになり、軍への支持が増えると期待できる。さらに、それによって科学者の軍事研究への参画もスムースになるというメリットもある。軍事技術を公開することで軍にマイナスの要素はないのである。

といっても、すべての軍事技術を公開するわけにはいかない。敵より「技術的優越」を維持するために、まだ秘密のまま運用すべき技術はいくつもあるからだ。それらまで公開すれば、敵に追い越されかねない。そこで公開すべき技術はよく吟味される。一番は、かつては秘匿すべき技術であったが、原理や運用法は他国にもよく知られるようになった、いわば賞味期限が過ぎた技術である。それも広く流通すれば多くの人がメリット感を持つ技術であればなおよい。その代表としてアメリカ国防総省が公開した、レーザー用マイクロ波の電子レンジへの応用、コンピューターそのものおよびインターネット技術、GPSの車のナビゲーションへの利用などの例が思い浮かぶ。インターネットはイギリス等でもデータ通信方式が提案されていたし、GPSは中国が本格運用するようになっている（そのため、アメリカは民間に開放したのとは別に、秘密で位置決定精度がより高い軍事用GPSを確保しているらしい）。要するに、軍が公開するのはもはや秘密にしておく必要がなくなったものなのである。

すべてを公開しているのではないことは当然なのだが、私たちには成功例しか知らされていないという側面を押さえておく必要がある。軍事技術の公開で、まるですべての軍事開発品が成功したかのような錯覚を持たされるのだが、数多くの失敗（大きな資金を投じたのだがついに成功しなかった技術開発）や浪費（不可能だとわかっているのに、あえて挑戦してムダ金を使った技術開発）が多数あったはずなのだ。ところが、それらは公開されず闇の中のままである。軍が技術開発に投じてきた資金は元をただせば私たちの税金なのだから、私たちはすべてを公開せよと要求しても構わないはずである。しかし、すべての軍事技術を公開せよとの（科学者も含めて）国民の声は小さい。軍事技術には秘匿性が重要であるから、それはできないと知っているからである。つまり、このことは科学者も秘密を前提とする研究があることを公認しており、そのような軍事研究に科学者が加担している状態は科学や技術を本当に大切にしているとは言えないのではないか。

付け加えて、軍が積み重ねている膨大な浪費（ムダ）も隠されていることを指摘しておきたい。たびたび言うように軍は常に「技術的優越」であることを目指しているから、今ある兵器より少しでも優越するものが開発されると、劣位になった兵器は一度も使われないまま廃棄されることになる。自衛隊が爆撃機を何年かおきに更新しているのが典型で、より高速で、より航続距離が長く、より燃料の補給が少なくて済み、より多数の爆弾を搭載でき、より短距離で離陸できる、そんな条件を持ち出して爆撃機の優劣を判断しており、絶えず更新を行なっている。結局は、軍産複合体を大儲けさせているだけである。爆撃機のみでなく、銃や大砲やミサイルや戦車や潜水艦や航空母艦や駆逐艦や軍用トラックや輸送船や……と数え上げれば、実に多数の装備が同じように優劣が判断され、劣位となったものは空しく廃棄されている。アメリカは開発費を回収するために、日本などの同盟国に古くなった装備品を高く買わせているのだが。このような軍事装備品の新陳代謝による資源やエネルギーの浪費が膨大なものであることは言うまでもない。

科学者が軍事研究を行なって装備品の開発に寄与して配備されたものであっても、新たに開発されたものがより勝っていると判断されれば、当然容赦なく廃棄されてしまう。自分は貢献したつもりであっても、知らない間に無に帰しているのだ。これほど科学者の才能や能力の浪費があるだろうか。軍事研究に携わるということは、そのように自分の能力が消耗品のように一方的に浪費されてしまうのを当然として受け入れるということなのである。なんとも空しいことではないか。科学者であれば、人々の幸福とじかに結びつくという実感のある研究を進めたいと思っているはずで、そんな研究は軍事研究では不可能なのである。

「みんながやっているのだから」

何か悪いことをしたときに人が使う逃げ口上は、「自分だけではない、みんながやっている」というものである。つまり、「自分の行為が悪いとしても、他の多くの人間も同じようにやっているのだから、自分だけが非難されたり、罰せられたりするのは理不尽で、みんなも罰しなければ不公平だ」と言い立てるのだ。ここには、自分の行為についての真摯な反省はなく、「みんなと同じ扱いをせよ、それは不可能だろう、そうなら自分も免罪にすべきである」という下心がありありと見える。みんなを引っ張り込むことによって罪を希薄化させ、罰から逃れようとの魂胆が明白であるからだ。本来あるべき態度は、「たしかに自分の行為は悪かったので罰を受ける、しかし他の多くも同じようにやっているのだから、彼らにも罰を与えるべきだ」というものではないだろうか。

これとは意味が異なるのだが、科学者が軍事研究に踏み入るときに人から批判されると、「自分がしなくても、いずれ誰かがやるのだから」と弁明する場合がある。その後ろには「自分がやっても構わないはず」という言葉が暗黙のうちに続くのだが、そのようにはっきりと言わないのが普通である。それを言ってしまうと、自分の行為を合理化しているに過ぎないことが見抜かれるからだ。そこで、自分が自重してやらなくても、他の誰かが必ずやることになるのだから、わざわざ自分が自重しても意味がないのではないか、という居直りの強調で使う。特別自分だけが悪いわけではないと言いたいのである。どうせ誰かがやるというニュアンスで悪の部分を薄め、やはり自分を免罪にすべきとの下心が伺える。単純化して言えば、軍事研究には携わりたくはないのだが、結局誰かがやることになるのだから、たまたま自分がやるのも非難はできないはず、という戦術なのだ。

「みんな、または誰か」を引き込むことで、間違ったことであっても自分だけではないのだから許されるべきだと主張して免罪を勝ち取ろうとする手口は、先の言いわけと共通している。それが、いざ戦争になればみんなが愛国者になってしまう理由であり、戦争が終わっても誰もが真摯な反省をしないことにつながっている。「だって、みんながそうしていたんだもの」と言って罪を逃れようとするからだ。科学者も人間だから、そのような風潮に流されかねないのは止むを得ないのかもしれないが、科学はとりわけ論理性を重要視する仕事柄、そのような言いわけ・逃げ口上は論理的に正しくないと見抜けるはずである。「他の誰かがやっていても、この自分は同調しない」と、個人として判断する（判断できる）存在として首尾一貫すべきではないだろうか。

また「自分がしなくても他の誰かがやるのだから」という言葉には、「自分はしないのに、他の誰かがやって甘い汁を吸ってしまう、だから自分もして悪いはずはない」との発想も含まれている。「軍事研究に携われば大きな研究資金が手に入るのに辛抱していてもつまらない、他の誰かと同じように研究資金にありついて何が悪い」という居直りである。あるいは、「自分が悪にこだわって躊躇している間に、他の人間に果実をさらわれてしまうのはなんとも悔しいから、自分も遠慮なく参入しよう」との宣言とも言える。このような行動原理は、「他の誰かがやる」ことに引き摺られて、自分が持っていた自制心や自重の気持ちをかなぐり捨ててしまうことを合理化するもので、結局は損得勘定に走っていることを物語っている。

以上のように、いろんな解釈が可能であるが、いずれも科学者個人としての誇りや自律心を失っていると考えるべきだろう。

「作った自分に責任はなく、使った軍が悪い」

アメリカの科学者たちの多くは、原爆を造ったのは我々科学者だが、現実に戦争に使ったのは軍だから我々には罪はない、として自分たちを慰めるとともに、自分たちには責任はないと主張したそうである。それは、自分たちは残酷な兵器を作りはしたが、使ったわけではないから責任を負わされるのはまっぴら御免だと、責任逃れの弁であることは言うまでもない。すべて軍が悪いと言っておけば、それ以上追求されないということに目を付けたわけである。もっとも軍に言わせると、そんな残酷な武器が提供されなければ当然使わないのだから、武器を作り出した奴が悪いに決まっていると宣《のたま》うだろう。お互いに押し付け合って責任の所在をウヤムヤにできるのだ。

このような責任の押し付け合いは日本の審議会行政が典型である。薬を認可する厚生労働省の薬事審議会とか、ダム建設を承認する国土交通省の社会資本整備審議会とか、学習指導要領を決定する文部科学省の中央教育審議会とか、日本にはいくつもの政府任命の審議会が存在し、大学の教授や名誉教授が指名されている。大臣の諮問に応じて答申書を作成し、パブリックコメント（パブコメ）を得たうえで政策を確定し、その後答申に従って行政官僚が実施するという、きわめて「民主的な」手続きが審議会行政である。実際には、審議会の議論は官僚が書いた方針で進められ、パブコメだってガス抜きのために形式的に集めるだけで答申案が変更されることはなく、答申書も官僚が代筆するというから、どこが「民主的」なのかわからないのだが。審議会委員として招かれる大学教員は、かつては科学者であったのだから、自ら調査して実質的な議論を行なうべきだと思うのだが、名誉職と心得ていてあまり発言しない。こうして出された答申通りの行政が行なわれ、たとえば薬を認可した後に薬害を引き起こすことが発覚して慌てて認可を取り消すというような事件が起こったとき、誰が責任を取るのか、という問題である。

審議会委員は、自分たちは答申書を出しただけで実際の行政は官僚が行なったのだから、官僚に責任があると言い、官僚は、自分たちは答申に沿って行政措置を採っただけで薬害について何も検討しなかった審議会に責任があると言う。先の科学者と軍との間の責任の押し付け合いと同じで、結局誰も責任をとらないことになる。日本の政治家や官僚の無責任体質はこれと同様の仕組みが政治に組み込まれているためである。その決まり文句は「遺憾である」というもので、自分の行動が遺憾なのか、非難されることが遺憾なのか、他の官僚の対応が遺憾なのか、さっぱりわからず、それで幕にしてしまうのだ。

科学者として自分が行なった行為（残酷な武器の製作）について何ら責任をとらないのは、軍に押しつけておけば軍が責任を取ることはないと知っているためである。軍と警察は共に国家が公認する暴力装置なのだが、本質的な違いがある。軍の兵士は敵と覚しき人間なら殺害しても罪に問われないが、警察官は犯人と思われる人間であっても殺害した場合には厳重な検証を受ける点である。つまり、基本的に兵士は敵を殺すことが目的であり、警察官は犯人であろうと生かすことが求められる。そうだとすると、軍は残酷な武器によって敵を直接殺戮しても、戦争に勝利することがその任務なのだから、その殺戮の結果責任を問うことはできないことになる。

一方、科学者は、残酷な武器を考案したが殺戮を直接行なったわけではないから、やはり結果責任を問うことはできない。しかしながら、科学者としての本来の任務は、人を殺傷する武器を作ることではなく、人が幸福になるよう手助けすることだから、残酷に人を殺す武器を製作したことに対する道義的責任が生じる。これが科学者の社会的責任であり、自分が社会に対してどのような「寄与」をしたかを省察することである。ところが、「自分に責任がなく、軍に責任がある」との言は、軍に戦争の一切の責任を押しつけて自分は無罪であるというもので、科学者が負うべき戦争責任をまったく考えようとしていないことを意味する。それでいいのだろうか。

このような科学者は、科学の行為を社会的事象と何ら結びつけず、科学の成果がいかなる影響を社会に及ぼしているかについて、一切思いが及ばない。ましてや、残酷な兵器製作に関与しても、それが戦場においてもたらす結果は自分には関係ないと言うのだから、自分の軍事研究に対する省察に欠けると言わねばならない。オルテガが指摘した「科学主義の野蛮性」とは異なった意味の野蛮性を示している。科学の研究さえできれば、後は自分には関係ないと言うのだから。

朝永振一郎は、「科学者の任務は、法則の発見で終わるものでなく、それの善悪両面の影響の評価と、その結論を人々に知らせ、それをどう使うかの決定を行なうとき、判断の誤りをなからしめるところまで及ばねばならぬことになる」と書いていて、科学の成果が社会に大きな影響を及ぼすようになった現代では、科学者はその使われ方にまで社会に助言する義務を持つと言っている。人間を殺戮するための兵器の考案や製作を提案する科学者である者が、果たして社会に有効な助言をすることができるであろうか。

兵器には関わらないとしても、科学・技術の研究のみに専念して社会的な視野を欠く科学者を私は科学（至上）主義・技術（至上）主義と呼ぶのだが、科学や技術が「発達」しさえすればよい、それがどう使われようと頓着しないとの発想で、そのような研究者が最近どんどん増えているように感じている。特に、国立研究開発法人のような、もっぱら研究のみを行なう公的研究機関では、大学とは違って学生を教育する義務を持たず、よけい科学主義的／技術主義的発想が強い。というのも、これらの研究機関では、対象とする分野の基礎から実用的な側面までのテーマを日本で唯一の研究機関として総合的に研究するという目的が掲げられており、国を代表する意識が強く、それだけに日本の科学技術の発展が目標になってしまう。そのためか国の方針には文句を言わずに従うとの雰囲気が強くなっている。その意味で、戦前に多数設立された国策のための国立研究所・大学付置研究所と似た道を歩みつつあると言える。そこでは研究の成果のみが評価の対象で、それが軍事に応用されようとかまわない、自分たちの責任ではないという意識を感じてしまう。そのような視野の狭い科学者に、その社会的責任を期待することができるのか心配になってしまう。

「悪法も法である」

「悪法も法」という言葉はソクラテスが言ったということになっているが、実際に彼がこの通りの言葉を使ったわけでないらしい。ソクラテスに不当な死刑判決が下されて牢獄に入れられたとき、友人たちはソクラテスに対して、看守に賄賂を贈って逃亡し、その後に自分の正当性を訴えればよいと忠告した。ところがソクラテスは、そうすることが可能であったのだけれど拒否して、「自分はこの判決に従う、それ以外のことはしない」と言った。これが「悪法も法」という言葉として残ったというのが通説らしい。おそらく、ソクラテスは悪法が命じることに逃亡という不正で対抗しても正しい結果が得られるわけではない、と言いたかったのだろう。悪に対して悪を対置すれば、本来糾弾すべき巨悪なのに、どうでもよい小悪ばかりが喧伝されて巨悪が見えなくなってしまう。ソクラテスは、巨悪を強く印象づけるためにはいかなる悪も対置してはならないということを主張するために、あえて死刑執行されたのだと思われる。

とすると、「悪法も法」とは少し意味が違ってくる。この言葉は、一般に法治主義の立場から、悪法でも正式の手続きで決定された法である限り、守るべき規範として受け入れて守らなければ国家の秩序が保てなくなる、という考え方を意味しているからだ。法治国家の根本原則と言える。しかし、悪法と考えるなら、不服従の意を表明し、悪法を変える努力をするという立場もある。しかし、規律を重んじるドイツや上からの命令に従順な日本では、「悪法も法」として受け入れる傾向が強い。特に軍隊や学校など集団行動が当然とされる組織では統一した規律が不可欠だから、悪法であろうと受け入れねばならないとすることが多い。

戦争への協力や軍事研究への参加について、科学者が口にする常套句の本心は「それが良くないことはわかっているが、決まったことなのだから仕方がない」というものである。たとえば、ナチスドイツでは、国会で政権を奪取したナチスが「全権委任法」なる悪法を定め、国会を通さずに内閣だけの決定で政治が進められることになり、ユダヤ人弾圧も法の下で行なわれることになった。ノーベル賞を受賞したマックス・プランクは、ナチスの政治を苦々しく思ってはいたが、彼は規律を重んじる典型的なドイツ人で、国会の多数派が決めたのだからと反対せず、ナチスの思うままにさせることになってしまった。またドイツの科学者の多くも「悪法も法」として追随したのである。

戦前の日本でも、「治安維持法」が拡大され改訂されてどんどん悪法化していったのだが、いったん悪法ができてしまうと「悪法も法」として抵抗しなくなってしまった。さらに日本では、「国」や「お上」や「みんな」が言うことが、一種の「法」の役割を果たして人々を縛り、いっそう身動きできないようにさせてしまう。特に、「KY（空気を読む）」が重視されるために同調圧力が強く、集団の動きに従わざるを得なくなる。面従腹背の人間もいたのだろうが、法に従わないのは非国民になり、完全に統制されてしまった。そうなると、「国」や「お上」が何を望んでいるかがわかるようになり、それを先取りして迎合する、つまり「忖度」が当たり前になる。日本の科学者も、「悪法も法」として軍国主義に追随していったのである。

ところが、戦後における反省ぶりではドイツと日本では大いに異なっている。ドイツでは優生学に加担した遺伝学やユダヤ人虐殺に手を貸した医学者や化学者、アーリア物理学に追随して量子論を退けた物理学者など、遅速はあったがそれぞれ戦時中の所業を反省して悔恨の辞を発表している。それに比べて、日本では七三一部隊が犯した戦争犯罪について何ら反省することなく口を拭ったままである。それだけでなく、一九四八年に制定された優生保護法が一九九六年まで存続していたように、障碍者への差別が長い間放置されてきたが、医師会の反省の声は聞かれない。科学者は自分たちが犯した間違いを率直かつ迅速に認め、修正する勇気を持たねばならない。それはまた、科学的真実に対して自分たち科学者がいかに誠実であるかを示す試金石ともなるし、悪法であった法を改めることにもつながるのだから。

しかし、現在の日本には「悪法も法」と言うべき状況が蔓延している。「通達だから」「そういう決まりだから」「理事会が決めたことだから」「習慣になっているから」というふうに、人為的に決められたことに対して、その内容の異常さを問題にすることなく、「法」であるかのごとく受け取り従うことを当然とする態度である。たとえば、医学部の入試で採点を操作して女子差別を行なっていたが、その操作に加担した教員は不公正だと考えなかったのだろうか。中高生の身だしなみ検査で下着の色まで問題にする学校があるが、検査する教員は異常だと思わないのだろうか。政治家の意向を忖度して、虚偽や欺瞞や詭弁を弄して国民を唖然とさせる官僚たちは、本当に自分の仕事に誇りを持っているのだろうか。こんな例はいくらでも挙げられる。自分の頭で公正性や合理性や真実性を判断することなく、勝手なやり方まで「法」のように見做して、従っているのである。

このような状況が科学者にはないと言えるだろうか。「ハゲタカ出版」や「ハゲタカ国際学会」（いずれも、厳密な審査を経ない論文出版や論文発表のこと）まで出現していて、それに手を出す科学者が多数いる。論文数や国際学会での招待講演の数を見かけ上増やして業績があるかのように見せかけるのに使われているのだが、科学者に論文数だけで評点を付けるシステムを「悪法」だとして退けるのではなく、それも「法」だとして安易に便乗しているためである。何と情けない所業であろうか。科学者や大学は科学的真実に対してもっと誠実になり、自分たちが無条件に従っている「法」を疑い、「悪法は悪」として拒否する姿勢を貫かなければならないのではないか。

第3章　非戦・軍縮の思想

かの有名な『戦争論』という本を出版したカール・クラウゼヴィッツ（一七八〇―一八三一）が書いているように、戦争とは「無制限に行使される暴力活動」である。むろん、「武力の無制限の使用とはいっても、決して知性の入り込む余地がないわけではない」のだが、激しい戦いになった場合、知性が働いて抑制をかけた方が負ける、と言い切っている。このように戦争とは武力を用いた敵との総力戦であり、いったん戦争が勃発すればいかなる手段を使ってでも敵をせん滅させることが最終目的に適うと考えたくなる。だから、必要な戦闘力はどのようなものであれ使ってよいはずなのだが、許される手段と許されない手段とを定めた規範が昔からあったことをどう考えるべきなのだろうか。

実は、古くは自然法や騎士道の規範、慣習法、宗教や習慣やしきたりなどにおいて、戦争は無制限の暴力の発露ではなく、使用されるべきではない戦闘方法や手段が認識されていた。たとえば、古代ギリシャ時代には投石武器（カタパルト）や弓のような遠方から敵を殺せる武器は「卑劣な武器」「貧乏人の武器」と呼ばれて嫌われ、勇猛さを示す手段とは見做されなかった。中世になると、カトリック教会は長弓（ロングボウ）が非常に残酷で威力があり過ぎるため騎士道に反する、として使用を禁止した。

小火器（銃）は十四世紀に考案されていたのだが、十六世紀まで使用が広がらなかったのは、賤しい武器であると考えられていたためらしい。産業革命以後になると、ライフル銃・連発銃・機関銃が発明され、火砲も青銅製から鋼鉄製の大砲となって犠牲者を大幅に増やすことになった。このとき軍部や為政者には「ＮＩＨ症候群（Not Invented Here ここで発明されたものではないとして購入・利用しない態度、自前主義ともいう）」の症状を見せることが多かったようだ。それらの発明が戦争をこれまでとはまったく違う、「ぞっとするもの」に変えてしまわないかと恐れたのである。

これら「卑劣」とされる武器が出現したのは科学技術が進歩した時期に多く、「科学者」がより破壊力の強い武器を編み出して戦争技術を大きく変えようとした。それに対し、「知性」ある者が戦争をより残虐なものに変えることを忌避し抑制しようとしたのである。そのような心的感情の背景には、古代から戦争において敵と味方の間の戦闘条件は対等かつ公正であるべきとの考え方があり、どのように戦うかということについて取り決め・条約がなかったからといって、昔の人々が戦争で我々より無慈悲で暴力的であったわけではない。それに比べれば、凄惨な毒ガス戦があり、焼夷弾・ナパーム弾による空襲があり、広島・長崎への原爆投下があり、アウシュヴィッツがあった二十世紀の戦争の方がよほど野蛮であったと言うべきだろう。

「国際人道法」による戦争の抑制

ともあれ、十九世紀になってから、人道主義の認識に基づいた国際法原則として、害的方法および害的手段の規制が、「国際人道法」と呼ばれる（武力紛争法とか戦時国際法とか単に戦争法とも呼ばれる）法体系として整備されてきた（以下、「国際人道法」と呼ぶ）。いわば文明社会としての理性と知性の発露で、戦闘における苦痛のみを増進させる兵器は、人道性の理念から許容できないとされるようになったのである。実際、人体に過剰な傷害をもたらす武器（弓やクロスボウや小火器など）の使用禁止が、歴史的に一般慣習法として存在しつづけてきた。そして、それを法規とすべく人類最初の国際的な国際人道法についての議論が、一八六八年にサンクトペテルブルクで開始され、一九〇七年にさまざまな新しい武器を規制するハーグ陸戦協定の締結まで続けられた。

ここで議論されたのは、戦争の「公正な」手段と「卑劣な」手段との区別、そして「軍事的必要性」が認められている手段と「無用の苦しみ」を生じさせるとされる手段との区別である。これら二つの「区別」を何のために行ない、いかなる観点で判断するか、が議論の焦点となった。特に後者は「不必要な苦痛禁止原則」と言われるが、実は百年近く後の一九九六年の国際司法裁判所（ＩＣＪ）においても、核兵器の使用は国際人道法上の主要原則とは一般的に違反すると結論づけている。現在もなお生きる原則なのである。

この「不必要な苦痛禁止」規範には、何に対して「不必要」なのか、「苦痛」をどのように定式化するか、というそもそもの定義における不確かさがある。それを置いておくとしても、「不必要な苦痛をもたらす兵器そのものの使用禁止」（兵器それ自体の禁止、内在的違法性）と、「兵器の使用の形態が不必要な苦痛をもたらす場合は禁止」（兵器使用態様の禁止、外在的違法性）との分類もあり、丁寧な議論が必要である。

というのは、科学者は一般に「兵器そのものの開発には手を染めない」と言うのだが、それは内在的違法性には自分は関与しないと述べているに過ぎないからだ。科学技術のデュアル性を考えれば、民生目的で開発された技術であっても兵器の補助手段として使用され、思わぬ残酷性を発揮するという外在的違法性に加担する可能性がある。実は、科学者はほとんどこのことを自覚していないのだが、自分の成果がいかに使われるかについて責任が問われるということなのである。

以下、国際人道法に関連する、特に特定の兵器の禁止に絡むいくつかの国際的な成果についてまとめておこう。

一八六八年サンクトペテルブルク宣言

この宣言が画期的である点は、人類最初の国際人道法に関連する国際的な取り決めであることはもちろんであるが、その前文で戦争の必要が人道の要求に譲歩すべき技術上の限界を決定した。

と述べ、人道的要請による技術の規制を戦争遂行のための必要性より上位に置き、これを国際的規範としたことである。人道に反する兵器の使用を抑制すべきことを取り決めたのである。

続いて、宣言の第一番目の項目では、「文明の進歩はできる限り戦争の惨禍を軽減する効果を持つべきである」とし、文明の進歩に信頼を寄せている。そして、戦争の目的は「敵の軍の軍事力を弱める」ことにあり、「そのためには多数の者を戦闘外におけばよい」のであるから、「すでに戦闘外におかれた者の苦痛を無益に増大し、またはその死を必然にする兵器の使用はこの目的の範囲を越える」と指摘し、「それゆえ、そのような兵器の使用は人道法則に反する」と宣言する。

つまり、非戦闘員の苦痛を無益に増大させる兵器、またはその死を必然的に招く兵器の使用を禁止すべきであると断じたのである。ここでは「不必要な苦痛禁止」についての定義上の問題に拘泥せず、一般原則から大胆に結論を述べている。これが、サンクトペテルブルク宣言が定式化した一般原則で、「以後に発展した国際人道法全体の基礎を打ち立てた」と評されているのもうなずける。

さらに、特定兵器について言及し、

締約国相互の戦争において、軍隊または艦隊が重量四〇〇グラム以下の発射物で、炸裂性のもの、または爆発性もしくは燃焼性の物質を充塡したものを使用することを禁ずる。

と、禁止措置を具体的に述べている。軍事技術の発展によって、この禁止措置の効能はすぐに失われたのだが、不必要な苦痛の禁止という慣習法として存在していた一般原則を法典化するとともに、特定兵器をきちんと書いたことで拘束力のある最初の国際人道法となったことは非常に重要である。

一九〇七年ハーグ陸戦協定

一八九九年の第一回ハーグ万国平和会議で採択され、最終的に第二回ハーグ万国平和会議で改定された「陸戦の法規慣例に関する条約」とその附属書「陸戦の法規慣習に関する規則」がセットとなって成立したものである。交戦の定義（宣戦布告、戦闘員・非戦闘員の区別、俘虜・戦病者の扱い）、戦闘手段における禁止事項、降伏・休戦の手続き、占領地での占領者の振る舞いなど、戦争の勃発から終結、その後に至るまでの、いわば「戦争の作法（慣例法規）」を包括的にまとめ、国際条約の形式にして初めて法典化したのである。第一次世界大戦以前に確立していた国際人道法で、きわめて画期的な内容が含まれていた。といっても、その内容のほとんどは、一八六八年のサンクトペテルブルク宣言後に開かれた一八七四年のブリュッセル宣言や一八九九年のハーグ条約として提起されていたものである。しかし、それらは国際法として批准する国が少なく発効しなかった。そこで一九〇七年の第二回万国平和会議の機会に、これまで出されてきた宣言や条約を整理し改定して集大成したのが、ハーグ陸戦協定であった。

この協定が成立するまでの経緯をまとめておこう。サンクトペテルブルク宣言が出されてのち、早くも六年後の一八七四年の国際会議で出されたのがブリュッセル宣言である。最初に占領地における陸軍の規範、続いて戦闘員と非戦闘員の区別、害的手段、降伏・休戦の手続きなど、右の陸戦協定の原型が提案されている。

注目されるのは、第一二条において

「敵に加害する手段に関して無制限の権利を認めるものではない」

としていることで、戦争といえどもいかなる手段も無制限に使えるわけではないと明確に宣言している。続く第一三条で「この（一二条の）原則により、特に禁止するもの」として、

「毒物および毒を施した武器を使用すること」

「無用の惨害を被らせる兵器・弾丸または物質、並びに一八六八年のサンクトペテルブルク宣言で禁じた発射物を使用すること」

を挙げている。早くも毒ガスに関連する「毒物および毒を施した武器」の使用禁止をここで宣言していることが注目される。

その後、一八九九年の第一回万国平和会議で結ばれたハーグ条約では「国際的紛争平和的処理条約」が締結されている。そこでは国際紛争を武力ではなく、話し合いと交渉による公平で誠実な審理によって、事実を明らかにして解決することを目指した取り決めがなされた。そこで設置された国際審査委員会が、国際連盟の常設国際司法裁判所となり、その後国際連合の国際司法裁判所に引き継が

れた。世界平和のための基本的枠組みがこの段階で提起されていたことがわかる。

さらに、ハーグ条約で具体的に禁止された害敵手段として三つの宣言が採択された。それらは、

①第一宣言　空爆（気球を使って上空から爆弾を投下すること）、

②第二宣言　毒ガス（窒息性または有毒性のガスを散布することを「唯一の目的とする投射物」を禁止する）、

③第三宣言　ダムダム弾（小火器の弾丸で、人体に命中すると容易に変形・分裂・飛散して、従来の弾丸と比較してより重大な損傷と苦痛を与える残酷兵器）、

が挙げられている。

特に第三宣言でダムダム弾が、「不必要な苦痛禁止」の一般原則から禁止項目に入れられることになった。弾丸の設計が「治療困難な裂傷を生ぜせしめる非人道的投射物」と見做されたからである。これに対しイギリスは植民地のインドでダムダム弾を使用しており、「植民地住民との戦闘において、自国の兵士を守るためにその使用の必要性があること」「ダムダム弾は不必要な苦痛をもたらすものではなく、衝撃を与えることによって敵の兵士を戦闘外におくという目的があること」を理由として禁止の決定に留保している。植民地の住民が被害を受け苦痛を被ることについては、何ら顧慮していないのである。これに対し、「一八六八年のサンクトペテルブルク宣言において支持された原則の拡張であり」「サンクトペテルブルク宣言の趣旨に反するために禁止されるべき」との反論がなされたそうで、「不必要な苦痛禁止」の一般原則が特定兵器禁止に発展したことが重要である。そして新兵器が導入されたとき、原則の趣旨に立ち返って禁止の適用範囲が拡張されていくというふうに、法の

精神が拡大され展開していくさまを示している。

一方、第二宣言である毒ガス禁止（正式名は「窒息性または有毒性ガスを散布する投射物に関するハーグ宣言」）は、戦闘外におかれた者の苦痛を増大し、その死を不可避とする兵器の使用を非人道的として、初めて「窒息性または有毒性ガスの使用禁止」を明文化したものである。といっても、議論は単純ではなかった。最初「新たな火器兵器の規制」として提案されたのだが、爆発物の使用は国の防衛手段として不可欠であるとの理由から反対意見が出された。そこで、将来発明の可能性のある爆発物の規制ではなく、「窒息性および有毒性のガスを散布する爆発薬を装塡した投射物を禁止する」という提案に変更された。これに対しても、「すべての爆発物は多かれ少なかれ有毒ガスを含む」という反対意見が出され、これに対しそのような爆発物は禁止対象から外すことになった。結局「窒息性または有毒性のガスを散布することを「唯一の目的とする投射物」を禁止する」という規定になったという。

この「唯一の目的とする投射物」という規定に対し、またもやガス砲弾等の炸裂性の弾頭に毒ガスを充塡した兵器等は禁止されないという解釈が提起された。もっとも、「毒および毒を施した兵器（毒性兵器）」の使用は禁止されるという慣習法があり、先のブリュッセル宣言の第一三条においても禁止兵器として規定されていた。しかし、その当時の戦場で毒ガス兵器の使用例はないため実際に慣習法に含まれるかどうか明白ではなく、また国際人道法の一般原則として毒ガス兵器が「不必要な苦痛禁止」に該当するかどうかは明らかでなかった。何だか屁理屈の応酬なのだが、その結果、毒性兵器と毒ガス兵器との関係で曖昧なところを残さざるを得なかった。それが、せっかくの禁止規定がありながら、第一次世界大戦における毒ガス戦を阻止することができなかった理由と言われている。

　これらを第二回万国平和会議で改定し整理してハーグ陸戦協定がまとめられ、第一次世界大戦までの世界をそれなりに律したのである。

一九二五年ジュネーブ議定書

　一九一四年から一九一八年まで続いた第一次世界大戦は、航空機が登場した最初の戦争であり、大西洋ではドイツの潜水艦Uボートが出現し、戦車が戦場を駆けめぐり、重量一〇〇トンを越す大砲の音が轟き、というふうに新たに開発された技術が大きく戦場に展開した。ダイナマイトや鉄条網という重要な発明もあった。十九世紀後半から近代的な化学工業が大きく発達したため、毒ガスの生産も手軽に行なわれる状況が生まれた。戦場の前線に塹壕を掘って敵の攻撃を防ぐ戦術が広がるにつれ戦線は膠着状態になったので、毒ガスで兵士を塹壕から燻り出す作戦が行使されることになったのである。

　一九一五年にフリッツ・ハーバーが毒ガス戦の責任者に任命され、塩素ガスを製造して戦場に散布したのに対し、連合国側もそれに呼応して毒ガスを戦場に持ち込み、悲惨な毒ガス戦となった。最初は窒息性の塩素ガスやホスゲンが使われ、やがて糜爛《びらん》性の毒ガスであるマスタードガス（イペリット・硫化ジクロロジエチル）やルイサイトが使用された。とはいえ、毒ガスは「人道的な兵器」と言われた。他の爆弾などの兵器と比べて、毒ガス兵器によって死亡する兵士の割合が少なかったためである。実際、戦争の終結までに一二万五〇〇〇トンの化学物質が使われて死傷者は一三〇万人出たが、そのうち死亡者は一〇万人余りとされているからだ。しかし、肺の内部まで爛れて一生呼吸が困難な負傷者が続出した。

いずれにしろ、毒ガスは「不必要な苦痛禁止」原則と相入れないのは事実であり、第一次世界大戦後になって、毒ガス使用の化学兵器の規制に向けて一九二五年に国際連盟が招集した「武器貿易をめぐる国際会議」が開かれた。その会議で、ジュネーブ議定書（正式名「窒息性ガス、毒性ガスまたはこれらに類するガスおよび細菌学的手段の戦争における使用の禁止に関する議定書」）が採択されたのだが、そこでは、

窒息性ガス、毒性ガスまたはこれらに類するガスおよびこれらと類似のすべての液体、物質または考案を戦争に使用することの禁止を、すべての締約国は受託し、かつこの禁止を細菌学的戦争手段の使用についても適用すること、およびこの宣言の文言に従って相互に拘束されることに同意する。

と、宣言している。毒ガス禁止に関するハーグ宣言を敷衍し、解釈による規則からの逸脱を防止する運用とともに、細菌学的戦争手段（生物兵器）にも拡大したのである。このように化学兵器および生物兵器の使用禁止は、早い段階で「国際人道法」として確立されていたのだが、実際の開発・生産・

貯蔵・使用などの全面的禁止は五〇年以上先（生物兵器禁止条約は一九七五年、化学兵器禁止条約は一九九七年）に持ち越され、今もなお化学兵器禁止条約を破る国が出現している。さて、これをどう考えるべきなのだろうか。

新兵器が出現したとき、実戦で使われるまではそれがいかなる残虐性を持つかはっきりわからない。その攻撃を受けた軍は同じ兵器を開発して報復しようとするから、残虐性がわかった後で禁止しようとしても手遅れとなる。のみならず、戦争が終わってからやっと禁止条約ができるので、後追いになってしまう。さらに、禁止条約ができても批准せずに公然と無視したり、新たな口実や抜け道を作って禁止から逃れたりする。

つまり、科学者がこれまで考えたことがないような新たな武器を登場させ、それが「不必要な苦痛禁止」であるかどうかが議論されている間に世界中に広がって実戦に使われ、その禁止が合意されると科学者はまた新たな抜け道を考案して新兵器に作り直す、という繰り返しが続いてきた。その意味では、文明の進歩がもたらす人間の理性と知性による戦争の惨禍を減らす努力を、科学者が無に帰する作業を続けているとさえ言えるのではないだろうか。

第二次世界大戦後に結ばれた条約

ジュネーブ諸条約

ジュネーブ諸条約と呼ばれるものは、一九四九年に赤十字国際委員会の草案を下に作成されたもので、

第一条約　陸戦の戦地にある軍隊の傷者および病者の状態の改善に関する条約、
第二条約　海上にある軍隊の傷者および病者の状態の改善に関する条約、
第三条約　捕虜の待遇に関する条約、
第四条約　文民の保護に関する条約、

の四つの条約から成り、一九七七年に国際人道法会議で第一追加議定書と第二追加議定書が定められた。特に注目すべきなのは、第一追加議定書の第三編第一部「戦闘の方法および手段」の部分の第三五条「基本原則」で、

（1）いかなる武力紛争においても、紛争の当事者が戦闘の方法および手段を選ぶ権利は、無制限ではない。
（2）過度の傷害または無用の苦痛を与える兵器、投射物および物質並びに戦闘の方法を用いることは、禁止する。
（3）自然環境に対して広範、長期的かつ深刻な損害を与えることを目的とするまたは与えることが予想される戦闘の方法および手段を用いることを、禁止する。

と、総括的に書かれている。（1）において戦争の手段は無制限ではないことを改めて言い、（2）の「不必要な苦痛の禁止」という従来の規範の上に、（3）自然環境を過度に破壊するような行為への禁止が新たに付け加わっている。

一九四八年の国連総会で可決され、一九五一年に発効した条約として、「ジェノサイド（集団殺害）条約」がある。ジェノサイド（Genocide）は、Genos（種族）とCide（殺害）を組み合わせた合成語で、「集団殺害（皆殺し）」のことである。第二次世界大戦中にナチスドイツが起こしたユダヤ人の大量殺戮を、「人道に対する罪」として裁いたニュールンベルグ裁判の結果を一般化した条約で、その第一条には、

締約国は、集団殺害が平時に行なわれるか戦時に行なわれるかを問わず、国際法上の犯罪であることを確認し、これを防止し、処罰することを約束する。

と、書かれている。ナチスが第二次世界大戦以前からユダヤ人虐殺を行なったことや一九三七年に日本軍が南京大虐殺を起こしたことが、「平時か戦時かを問わず」という言葉に込められている。

ところが、日本はこの条約を批准せず、今なお未加入のままの状態が続いている。その理由として、ジェノサイドを行なう国を処罰するには武力を行使しなければならず、日本国憲法九条が戦争の放棄と武力行使を禁じていることと矛盾するから、というものである。憲法九条のもとであっても、ジェ

ノサイドが起こっていることを調査・確認し、防止するための行動提起や処罰するための法的検討などができるのだから、この理由は当を得ていない。ジェノサイドについての過去の事象が調査されると、南京大虐殺や七三一部隊の所業が明らかになることを嫌がったというのが本音なのではないだろうか。

一九二五年のジュネーブ議定書において、生物兵器・化学兵器の使用の禁止が定められたが、ようやくその全面的な禁止が決定され条約が結ばれたのが、先に述べたように一九七五年に発効した生物兵器禁止条約（正式名称は「細菌兵器（生物兵器）及び毒素兵器の開発、生産及び貯蔵の禁止並びに廃棄に関する条約」）であり、一九九七年発効の化学兵器禁止条約（正式名称は「化学兵器の開発、生産、貯蔵及び使用の禁止並びに廃棄に関する条約」）であった。

これら正式の条約が成立するまでにこれほど時間がかかったのは、「貧者の核兵器」と呼ばれるように、生物・化学兵器はその製造に大きな設備を必要としないため比較的安価に手に入れられることから、禁止に対して反対する国が多かったためと考えられる。結局、いずれも「不必要な苦痛禁止」原則に背馳することを認めざるを得ず、条約として承認された。

また、生物兵器の禁止の方が化学兵器の禁止より二〇年以上も先に合意されたのは、元々生物兵器は安易に使用すると病原菌が敵味方関係なく蔓延し、味方にも多数の被害者が出る可能性が高く、いったん感染症が流行するとコントロールし難いため、実戦に使われた実績が少なかったためと思われる。実際に使った例としては、七三一部隊が中国でペスト菌・炭疽菌・ボツヌルス菌などを散布したことが報告されている。

この事情は、二つの条約の正式名称に、化学兵器には「使用の禁止」が入っているが生物兵器には入っていないことから察することができる。また条約の遵守を検証する手段に関する規定が、化学兵器には記載されているが生物兵器には記載されていないという差異もある。生物兵器の開発はごく小規模で、一見しただけでは兵器となることがわからないから、実際に開発・生産過程を検証することが困難であるためだろう。

現在、生物・化学兵器問題は大きな難問を抱えている。生物兵器については、二種の病原菌を組み込んで簡単に原因菌を決定できない兵器、遺伝子組み換えを行なった新たな病原菌を組み込んだ兵器、ゲノム編集で昆虫の繁殖を阻害して生態系を破壊する兵器、などが新たに開発されようとしているからだ。生物科学者が新たな生物を作成するという名目で生命の操作を行なって、生物兵器作成に踏み込んでいく可能性もある。

化学兵器についての難問は、これまでに化学兵器禁止法規制物質として、毒性のある物質とその原料物質がリストアップされているが、危険な化学物質が新たにどんどん作られていて鼬《いたち》ごっこになっていることである。アメリカがベトナムで散布して大きな被害を出した農薬だが、兵器としての使用を禁止するけれど、農薬としては使用を認めるという、まさにデュアルユースの化学物質もある。簡単に検出できない物質や毒性が時間をかけて発現してくるというような、禁止すべき化学兵器だと容易に断定し難い物質も開発されており、摘発も簡単ではなくなっている。これも化学者が新物質の合成をして、条約の抜け道作りに協力しているためである。禁止条約ができると、その抜け穴を探して新たな兵器開発に励む科学者の存在が必ず出現する。これをどう考えるべきなのだろうか。

一九八三年特定通常兵器使用禁止制限条約

あまり知られていないのだが、一九八三年に特定通常兵器使用禁止制限条約（ＣＣＷ）が結ばれたことを特筆しておきたい。核兵器、生物兵器、化学兵器は、規模はそれぞれ異なるが大量破壊兵器とされている。それ以外のいわゆる通常兵器のうち、過剰な傷害（「不必要な苦痛」）を与える兵器や戦闘員・非戦闘員を問わず無差別な損傷を与える兵器を禁止すべきとの国際世論が高まった。ハーグ条約で禁じられたダムダム弾のように、人道的観点から規制・制限・禁止すべき兵器が一つ一つ検討され、五つの附属議定書として具体的な規制が提案されたのである。

第一議定書では、検出不可能な破片によって人体に傷害を与えることを主目的とした兵器の使用の全面禁止で、ダムダム弾禁止の精神がそのまま生きている。

第二議定書では、自爆機能を持たない対人地雷およびブービートラップの使用と委譲の規制、探知不可能な地雷の禁止である。ブービートラップとは、撤退する部隊やゲリラ組織が残したり、警戒線に張っておいたりした罠（トラップ）のことで、一見無害に見えるが不注意な人間（ブービー）が触れると爆発して殺傷される兵器のことである。この議定書は、後の一九九七年に「対人地雷の使用、貯蔵、生産及び移譲の禁止並びに廃棄に関する条約」として対人地雷全面禁止条約として継承された。

第三議定書では、「焼夷兵器の使用の禁止または制限に関する議定書」と呼ばれ、民間人や民間施設、および人口密集地にある軍事基地を焼夷兵器で攻撃することを禁止したものである。焼夷兵器には、火炎放射器、火炎瓶、焼夷弾、ナパーム弾、砲弾、ロケット弾、擲弾（手榴弾）などが含まれる。第二次世界大戦中に都市の破壊が行なわれた空襲が禁止されることになる。

第四議定書では、人の視力を回復不可能な状態で喪失させる目的の、レーザー兵器の使用と委譲を全面禁止するもの。レーザー光が目に入ると網膜の損傷が激しく、永久に失明する恐れがあるので禁止されたのである。テロリストの手に渡ることを恐れて急いで禁止項目に入れられたらしい。実際、オウム真理教がテロ用にレーザー兵器を試作していた形跡がある。現在では、敵の兵器の電子回路やＩＣ回路を破壊するための地対空、空対空のレーザー兵器として開発されている。一九九八年に「レーザー兵器の使用及び移譲の禁止条約」が発効した。

第五議定書では、不発弾の不意の爆発による被害を減らすため、不発弾の発生を予防する機能の付加と不発弾の事後処理が義務づけられた。これを一般化して、クラスター爆弾（容器となる大型の弾体の中に多くの子弾頭を搭載した爆弾で、かっては蝶々爆弾とか親子爆弾とも呼ばれた）の使用・保有・製造が禁止され、爆弾の廃棄を行なうことを義務づけた「クラスター弾に関する条約」が二〇一〇年に発効した。

以上のように、一八六八年のサンクトペテルブルク宣言の精神が引き継がれ、過剰に苦痛を与える非人道的な兵器の禁止は続けられてきたのである。しかし、劣化ウラン弾（ウランを濃縮した後に残る減損ウランで造られた銃弾、非常に硬く放射能を持つ）や燃料気化爆弾（酸化エチレンなどを爆発的に燃焼させ、爆発による相変化によって拡散させる爆弾）など、これまでの規制の範囲外の兵器が登場して禁止条約が追いつかない状況になっている。これら「悪魔の知恵」を次々と案出しているのは科学者であることを忘れてはならない。

核実験・核兵器の禁止

現在の兵器体系の中で最大の破壊力を示すものは核兵器であり、それを禁ずる条約ができないことには世界の平和がもたらされることはない。そのため、まず原水爆実験の停止を求める運動が起こり、その後科学者が参加した核兵器廃絶のためのさまざまな取り組みも行なわれてきた。科学者の社会的責任が厳しく問われたためである。全面核戦争が勃発すれば、地球は「核の冬」となって地上の多くの生命が失われるという警告を発したのも良心的科学者（カール・セーガンなど）であった。ビキニ被爆事件やラッセル＝アインシュタイン宣言、そして原水爆実験禁止運動から核兵器禁止条約までの道のりを辿っておこう。

ビキニ被爆事件

一九五四年三月一日、ビキニ環礁でマグロ漁の操業をしていた「第五福竜丸」（乗組員二三人）は、突然空から降ってきた得体の知れない白い粉を浴び、その後、体の異変を訴える乗組員が続出した。実は、アメリカが三月一日からキャッスル作戦と称する一連の水爆実験を開始しており、最初の日にはブラボー実験と呼ぶ、計画では六メガトン（実際の爆発力は一五メガトンで広島に落とされた原爆の一〇〇〇倍であった）もの巨大な爆発力を示す実験を行なったのである。あまりに爆発力が大きかったので、爆心から一六〇キロメートルも離れて危険水域の外にいた第五福竜丸が被爆したのである。空から降ってきた白い粉とは、サンゴ礁が水爆の爆発によって粉々になって飛び散ったもので、放射能に強く汚染された放射性降下物であった。

すぐに母港の焼津に戻って、乗組員が持ち帰った白い粉を調べてみると、強い放射能を帯びており、乗組員たちはこれを大量に浴びて放射線被曝症状を示していた。獲ったマグロは「原爆マグロ」と呼ばれて廃棄処分にされた。検査を受けた船員のうち特に重症な二人は、放射性降下物による原爆症と認定され、そのなかで久保山愛吉さんは体の異常を訴え、九月に死亡した。久保山さんの病理解剖した組織からストロンチウム90などの放射性元素が検出されたが、これは世界最初に確認された「内部被曝」であった。

事件の直後から、東大理学部や気象研究所などの科学者が調査船に乗って現地の放射能汚染を測定したり、放射能汚染の経路を調べたり、原爆症患者の健康調査にあたったりと、科学者としての社会的責任を意識した活動が活発に行なわれた。三宅泰雄や猿橋勝子などが、微量の放射性物質を検出する器具を開発して放射能汚染の実態を明らかにした研究は、社会的活動と結びついた科学の研究として高く評価された。

一方、アメリカは日本政府と結託して被爆問題としては扱うことを避け、見舞金・慰謝料として二〇〇万ドルを支出して幕引きを計った。水爆実験を引き続き行ないたいアメリカとしては、反米運動が広がらないように早期決着を謀ったのである。日本もまた「原子力の平和利用」を進めるためアメリカから濃縮ウランの提供を受けようとしていたから、核に関わる事件として大きくしたくなかった。その結果、広島・長崎に次ぐ三度目の被爆であったにもかかわらず、国会で問題にされることもなく、被爆の詳細な記録はもみ消されてしまった。しかし、第五福竜丸の乗組員であった大石又七さんの粘り強い証言活動や、廃船で捨てられそうになった第五福竜丸を引き取って展示館を創立した東京都政の協力などもあって、ビキニ被爆事件として人々に記憶されつづけてきた。

さらに、このとき主に高知の漁船が九〇〇隻以上、第五福竜丸と同じ水域で操業していて、同じように放射能汚染や被爆を訴えたが、まったく取り上げられないままであった。そこで、漁船員たちは粘り強い調査で肝硬変や心臓病など放射線被曝によると思われる疾患で多数の船員が亡くなった事実を明らかにし、不当な扱いを受けてきたことの政府の責任を問うための損害賠償裁判を起こしたのである。これらの動きを支えた活動として、高校の先生の地道な漁船の調査、その先生の薫陶を受けた高校生たちの被爆実態調査、良心的な医師たちの綿密な健康調査などがあった。

損害賠償裁判の地裁判決は、もはや時効で国への請求権が失われているという形式的な理由で、原告である元漁民や家族たちの訴えを門前払いとした。さらに国が被爆関係の資料を隠したとは認めず

（国は八〇〇隻を越える漁船の調査結果を二〇一四年まで公表しなかった）、国に追跡調査をする法的根拠はないという、原告たちに冷たい判決であった。しかし、国の不当な扱いについては、「国がアメリカの核実験の問題を狭く限定して沈静化させようとした」と認定し、「救済の必要は改めて検討されるべきで、国や行政の検討を期待する」と、ほんの少しだが原告側の主張を取り入れている。

高校の先生の地道な努力が事件を掘り起こしたことを高く評価すべきだろう。それと対比して、科学者は何ら貢献していない。科学者が寄与できる問題は何であったかを考えてみるべきではないか。

原水爆禁止運動と原子力三原則

ビキニの被爆事件を受けて、日本各地で平和集会や市民大会の形をとって抗議運動が広がり、一九五四年五月には水爆実験の禁止を訴える杉並の署名運動が自然発生的に起こり、それが全国に波及していった。さらに、原水爆禁止の思いを世界に広げようと署名運動を組織的に行なうため原水爆禁止全国協議会が結成された。翌年の一九五五年八月六日に、この団体の主催によって広島で「原水爆禁止世界大会」が開催され、署名総数は三〇〇〇万を超えたことが発表された。また一九五六年には被爆者たちの団体である日本原水爆被爆者団体協議会（被団協）が結成され、以後反核運動の中心を担ってきた。このような原水禁運動の広がりには、多くの科学者が参加して運動を支え、現在もなお継続している。根底には科学者が原水爆を作り出したことへの反省があったためで、原子力の軍事利用に対しては、科学者は批判的な態度を堅持したのである。

他方、「原子力の平和利用」については微妙であった。最初、平和利用については科学者たちも乗り気であり、たとえば物理学者の武谷三男は「核の洗礼を受けた国であるからこそ、原子力の平和利用を進める権利を持っている」とまで主張した。物理学の最前線である原子核の研究に世界から乗り遅れることを恐れたという側面もある。そのような学界の事情を知り、またアメリカでの原子力開発の実態に刺激を受けた中曽根康弘衆院議員が、一九五四年三月三日の衆議院予算委員会に突然二億三五〇〇万円の「原子力予算案」を提出し、日本の原子力開発の口火を切ろうとしたのであった。この予算額二億三五〇〇万円はウラン核燃料である235から採ったという。中曽根康弘は平和利用のための研究を科学者がもっと積極的に進めるべきだとしたことから、「札束で学者の頬っぺたをひっぱたくようなものだ」と報道された。財界の後押しを受けた政治家が表に出て、原子力の平和利用を引っ張ろうとしたのである。ビキニ被爆事件が起こったのとまったく同じ時期の出来事であった。

この政治の動きに対して日本学術会議は慌てて議論を開始し、原子力開発は「自主・民主・公開の三原則」を守るべきであると決議した。それは翌年の一九五五年十二月に制定された原子力基本法に書き込まれた。しかし、最初から、原子力発電（以下原発）はもっぱら企業が中心となっての英米からの技術導入のため自主的開発ではなく、現場では自由に議論できる雰囲気がないため民主的でもなく、その技術内容は企業秘密でブラックボックスのため公開の原則も満たされないままであった。三原則は絵に描いた餅であったのだ。

早急に大型原発を導入して「平和利用」を進めたい政府や財界の動きに対し、科学者の側ではそれに賛成して技術導入を急ぐ立場（主として工学系）と、それに反対して時間はかかっても基礎実験を積み上げるべきとする立場（主として理学系）との間で意見対立があった。結局、前者の工学系の立場が大勢を占め、後者の理学系の科学者は原発の研究から手を引いてしまった。一般に、工学系の科学者は人工物の創造という研究目的のために現実主義であり、理学系の科学者は普遍的な一般法則を求めるため理想主義的な側面があって、理工系と一口で呼ばれるのだが、研究に対する姿勢は大きく異なっている。原発研究の進め方を見れば、それがわかる。軍事研究についても同様で、防衛装備庁の委託研究の募集が防衛装備品に関連する技術の開発であることから、工学系の科学者は積極的で、理学系の科学者は慎重派が多い。原発の導入に見るように、最初の導入の選択が先々までの研究の道筋を決めることになるのだから、さまざまな視点からじっくり考える必要があると思う。

ラッセル－アインシュタイン宣言

一九五五年八月、哲学者のバートランド・ラッセルと物理学者のアルバート・アインシュタインが呼びかけて、ノーベル賞受賞者ら総計一一名の著名人（化学者のライナス・ポーリング、遺伝学者のハーマン・マラー、日本の湯川秀樹を含む八人の物理学者、そして哲学者のラッセル）が署名して発せられた宣言で、いわば「科学者の平和宣言」である。核時代を迎えてこのまま人類が対立を続けていけば核戦争で破滅を迎えてしまう危険性を警告し、平和の構築のために核廃絶を目指して立ち上がることを訴えている。

ここに私たちがみんなに提起する問題は、きびしく、恐ろしく、そして避けることのできない問題であって、人類に絶滅をもたらすか、それとも人類が戦争を放棄するか？　この二者択一の問題である。

と、人類に向かって厳しく問いかけている。そして、最後の「決議」として、

およそ将来の世界戦争においては、必ず核兵器が使われるであろうし、そしてそのような兵器が人類の存続を脅かしているという事実からみて、私たちは世界の諸政府に、彼らの目的が世界戦争によっては促進されないことを自覚し、このことを公然と認めるよう勧告する。したがってまた、私たちは彼らに、彼らの間のあらゆる紛争問題の解決のための平和的な手段を見出すよう勧告する。

と、世界の指導者たちに対して平和的手段で紛争を解決するよう勧告している。

一九五四年にアメリカがビキニで水素爆弾の実験を行なったことで、東京やニューヨークなどの大都市がたったの一発の水爆で吹っ飛び、さらに原爆・水爆が各地で使われて爆発すれば、それによる直接死とともに放射能を浴びた多数の人間の衰弱死を想像せざるを得ない状況になっているとの認識

が、この宣言が出された背後にある。しかし、多くの人々はこの事実を正確に把握せず安易に考えている、との焦りに似た気持ちを宣言者たちが抱いていることが読むうちにわかる。

実は、この宣言が出される前の三月に、湯川秀樹は新聞に「原子力と人類の転機」という文章を寄せ、

原子力の脅威から人類が自己を守るという目的は、他のどの目的よりも上位におかれるべきではなかろうか。

と、書いている。これは図らずもラッセル＝アインシュタイン宣言と同趣旨のことを述べており、原水爆の怖さを知る科学者の多くは同じような思いを抱いていたのである。なお、この宣言が出されたときにはアインシュタインはもう亡くなっており、いわば彼の遺書となった。

この宣言を受けて一九五七年から開始されたのがパグウォッシュ会議である。すべての核兵器の廃棄に留まらず、すべての戦争の廃絶までも訴えた科学者の国際会議で、現在もなお継続している。ただ、パグウォッシュ会議は、米ソの間で冷戦が激しく戦われたとき、個人の資格としての参加であったはずなのに、いつの間にか国の利益を代弁する科学者が増えたため、その影響力を落としたことは事実である。しかし、会長として粘り強く会議を継続させる努力をしてきたジョセフ・ロートブラットとパグウォッシュ会議に対し、一九九五年にノーベル平和賞が授与された。ポーランド出身の物理

学者で後にイギリス国籍を取ったロートブラットは、マンハッタン計画に参加したのだが、先に述べたようにナチスが原爆開発を行なっていないという報告を聞くや、ただちにロスアラモス研究所を去ったただ一人の物理学者であった。

科学者京都会議

パグウォッシュ会議では、アメリカ・ソ連の科学者のいずれも核抑止論の立場に立ち、自国の核開発を肯定することが多く、なかなか核兵器廃絶につながっていかなかった。そのことを心配した湯川秀樹・朝永振一郎・坂田昌一の三人が呼びかけて、一九六二年に始まったのが科学者京都会議である。ラッセル－アインシュタイン宣言とパグウォッシュ会議の精神を受け継ぐべく、京都の名が付いた会議を開くことにしたのである。一九八四年の第五回会議まで続き、物理学者のみならず生物学や化学などの自然科学者とともに文学者や憲法学者や経済学者など、幅広い科学者の参加のもとで議論が重ねられた。それぞれの会議の終了時に発表された「声明」には重要な内容が含まれている。一九八一年六月に開催された第四回会議では、病床にあった湯川は病院を抜け出して会議に参加し、最後の渾身のメッセージを発表している（その九月に湯川秀樹は七十四歳の生涯を閉じている）。

その第四回会議では、死が間近に迫っていることを自覚した湯川は、核兵器で国の安全を守ろうという考え方がいかに間違っているかを訴え、最終の目標はすべての国の安全がそれぞれの国の軍備を必要とすることなしに保障されるような、世界システムを樹立することであります。この点に関して、私は、ラッセルやアインシュタインと世界連邦のヴィジョンを共にするものであります。

とのメッセージを読み上げた。軍備に頼らずに世界の平和を達成するためには、持論である世界連邦しかないことを強調したのである。

また「声明」では、

わが国においても「防衛力」の名のもとで軍事力の増強が公然と叫ばれ、しかもそれを当然とするような風潮が作られつつあります。すなわち憲法第九条改変の企て、「非核三原則」のうちの「核を持ち込ませず」の項目を曖昧にしようという試み等が執拗に行なわれています。

と、日本の現状を振り返り、憲法第九条と非核三原則を改変しようとする動きに警告を発している。さらに政府が核抑止論の立場から脱しなければならないことを強調し、その上で、

核軍縮が一向に進展しないばかりか、今なお超大国が核軍拡に狂奔している姿を見て、絶望的な運命論に陥る人もあるかもしれません。しかし現在に生きるすべての人々は人類の存続に責任が

あることを忘れてはなりません。特に科学・技術者の責任は重大であります。私たちは、焦眉の急として、わが国の内部に起こりつつある軍事化の動きを阻止し、これを逆転させて、世界の平和に積極的に寄与する道を開かなければならないと考えます。

と、政治に対する警戒の念と科学者・技術者の責任を強調している。「起こりつつある軍事化の動き」とは、現在の世相にも通じる警告と決意と呼びかけで、現在の日本の状況はいっそう深刻化しつつあると受け取らねばならないだろう。

最後の第五回会議（一九八四年）の声明は、ほとんど現在の情勢にも通じる内容を含んでいる。そこでは、まず軍備競争の非生産性を述べた後、

この軍備競争を支えてきた要因の一つである軍事的研究・開発に従事してきたのは、科学・技術の素養を身につけ、その訓練を受けた科学者および技術者である。（略）国家を防衛する手段としての兵器体系の研究・開発に科学者が従事するのは当然である、という根強い世界的風潮がある。この風潮は科学・技術が総体として国家の支持なしにはきわめて困難になっている今日、むしろ強められている。

と、科学者が軍事研究に惹かれているという、憂うるべき状況を率直に述べる。

とはいえ、広島・長崎の被爆によって、核戦争の実相を認識せざるをえなかった私たちは、第二次世界大戦中に科学者がとった態度についての反省からも、戦後、戦争の放棄と戦力の不保持を内外に宣言した日本国憲法のもとで、真理の探究と人々の幸せに役立つ技術の開発を目指してきた。これはいうまでもなく平和を誓った圧倒的多数の日本国民の支持があったからである。

と、日本学術会議が一九四九年と一九五〇年に出した決議（本章の最後に述べる）を継承し、科学者の研究の原点は世界の平和と人々の幸福にあること、そしてそれは憲法の平和原則に立脚していることを再確認している。現在の科学者も、常に立ち返るべきなのは、この原点であろう。

しかしながら、わが国の「防衛研究費」の伸び率は突出している防衛予算の伸び率をさらに上回っている。それとともに軍事的研究・開発に従事する科学者と技術者の数は急速に増大する可能性が高まっている。軍事的研究・開発には、諸外国の例が示すように、新しい科学と技術が貪欲に取り入れられるだけでなく、若い有為の人材をたえず補給することが必要となる。このため、現在の状況がこのまま続くならば、わが国においても「軍産複合体」が形成されることは必至である。

と、軍事研究が研究現場に入り込み、次世代の科学者がそれに取り込まれ、やがて軍産複合体を形成する人材となってしまうとの危惧を表明している。それは、科学技術の乱用に止まらず、科学者の能力や才能の浪費につながるからだ。この指摘も現在に通じる重大な問題である。そのような現状認識の上で、

私たちは、核時代の科学者として、世界的視野から社会的責任を自覚するとともに、日本人として平和への特別の任務を考えざるを得ない。それはわが国における軍事的研究・開発の本格化を未然に抑え、科学と技術をすべての人の知的発達と幸せに役立たせる道を追求することである。

と、科学者・技術者が持つべき目標は軍事研究ではなく、人類の発達と幸福であると説く。それは日本人としての特別の任務ではないか、と呼びかける。

最後に、

軍事的研究・開発そのものを解消し、これに向けられていた人的・物的資源を平和的研究・開発に振り向けるべきである。それは核戦争の危機が核軍縮の国際的な管理によってではなく、核軍縮そのものによってはじめて克服できるのと同様である。私たちはこの困難な事業に取り組むた

めに、広く各方面の人々の理解と協力を訴えるものである。

と、科学者に向けての軍事的研究、技術者に向けての軍事的開発に携わることなく、平和的な研究・開発に振り向けるよう訴えているのだが、ここで力点を置いているのは私たち自身の努力と働きかけが重要だということである。

この声明が出された当時と比べて、現在は核戦争勃発への切迫した雰囲気はないが、まだ核保有国全体で一万六〇〇〇発以上の核兵器が存在することを考えれば、核軍縮の重要性は変わっていない。さらに、二〇一七年に国連で採択された核兵器禁止条約に日本も参加させて、早急に発効するように核保有国に圧力を加えることが求められている。現在の私たちに求められているのは、軍事研究反対と核軍縮（核兵器禁止条約の批准）の要求とを結びつけ、その潮流を大きくしていくべきことなのではないだろうか。

平和のための国際組織

以上では、平和あるいは非戦・軍縮のための条約・宣言・議定書などとともに、科学者が中心となった運動を紹介してきた。もう一つの動きとして、国際的な平和組織の設立の動きがあった。世界が野蛮になったことを反省し、生じた紛争を軍事力ではなく、客観的真理のもとでの話し合いと交渉によって平和的に解決するための国際組織である。悲しいながら、それらが十分に機能せず、武力に頼らざるを得ない状況が今なお続いているのだが、どのような意識と目的で国際的組織が設立されてきたかを、原点に戻って見直してみるのも無駄ではないだろう。今や国同士の戦争が起こる時代は終息しているのは事実である。その意味では、遅々とした歩みではあるが、軍事力に頼る時代は過去のものになりつつあり、平和の追求において理想の状態に少しずつ近づいていると言うべきなのではないか。その中での科学者・技術者に課せられた任務は、軍事のための研究・開発ではなく、世界の平和と人類の幸福のための研究・開発に勤しむことは明らかであろう。

国際連盟とパリ不戦条約

世界最初に設立された国際的平和組織は一九二〇年に発足した国際連盟（League of Nations）である。これは元々、一九一八年にアメリカのウッドロー・ウィルソン大統領が発表した「一四ヵ条の平和原則」の第一四条に「国際平和機構の設立」があったことが発端である。ここで提唱された平和原則がドイツに対するパリ講和会議の前提条件になり、その結果結ばれたのがヴェルサイユ条約で、第一篇の取り決め（一条から二六条まで）が国際連盟規約に引き継がれている。しかし、提案したはずのアメリカはモンロー主義のため加盟しなかったという弱点を最初から抱えていた。

国際連盟の主目的は世界平和の維持と国際協力を推進することで、国際連盟の活動として最も力を発揮したのが軍備縮小（軍縮）委員会であった。海軍力が軍事装備の主力であった時代で、軍縮を実行しているかどうかを他国から比較的簡単に査察できるためもあって、列強国の海軍の主力艦や補助艦の制限が取り決められたのである。しかし、いわば紳士協定であって、破っても罰則や制裁規定がなく、時間とともに実効性が失われていったことは否めない。

同時に、国際連盟にはアメリカが不参加のうえに、敗戦国であるドイツや革命が起こったロシア（ソ連）が当初は参加しなかった。そこでイギリス・フランス・日本・イタリアが常任理事国として差配したのだが、いわば片肺飛行のような状態であった。さらに、総会における全会一致主義のために敏速な対応ができず、また決議の内容について妥協せざるを得ないという問題点もあった。集団的自衛権を標榜しながら国際連盟としての軍隊を持たなかったのは、前文にあるように、

締約国は戦争に訴えないという義務を受託し、（略）国際法の原則を確立し、組織された人々の間の相互の交渉において正義を保つとともに、いっさいの条約上の義務を尊重することにより、国際協力を促進し、各国間の平和と安全を達成することを目的とする。

と、軍事力を使わず交渉によって平和を達成することを目指していたためである。

しかし、さまざまな紛争を的確に解決することができなかったことを見れば、それは時代を先駆けすぎていたと言わざるを得ない。人類は、まだ武力による平和の幻想から脱し切れていなかったからだ。一九三三年に日本（中国への侵略）とドイツ（ナチスの政権奪取）が、一九三七年にはイタリア（エ

チオピア併合）が、それぞれ脱退し、一九三九年にソ連を除名（フィンランド侵入）したように、日独伊三国にファシズムが台頭してそれぞれが軍拡を進め、大国も武力主義に傾いてしまったため、国際連盟は組織として弱体化していき、第二次世界大戦中に活動を停止することになってしまった。

とはいえ、からくも国際連盟が成し遂げた最大の功績として、一九二八年のパリ不戦条約がある。パリ不戦条約は、アメリカの国務長官ケロッグとフランスの外務大臣ブリアンが提案したもので、締約国は、国際紛争の解決には戦争に訴えることを放棄し、平和的手段のみで解決を図るべきことを取り決めた条約である。正式名は「戦争放棄に関する条約」で、一九二八年に結ばれ、日本は一九二九年に締結している。戦争が明白に違法であることを宣言した画期的条約なのである。

しかし、最初、ケロッグはいかなる戦争も無条件禁止するべきと主張したが、ブリアンの反対もあって、侵略と自衛に関する定義のないままの協定となった。その結果、自衛権に基づく戦争については曖昧なままであり、自衛戦争は許されるとの解釈が広がった。となると、いかなる国も、たとえ客観的には侵略戦争であっても、自国の自衛のためだと主張するので、結局侵略戦争すら許されるという重大な欠陥があった。自衛権を認めると、際限もなく自衛戦争の範囲は拡大されるからだ。自衛のための軍事研究は許されるとの意見では、拡大解釈によって戦争を許容することにも通じることは明らかだろう。現在の日本のように、「専守防衛」と言いつつ他国の領土まで攻撃する能力を保持するのも自衛権の範囲になってしまう。

大西洋憲章と国際連合

一九四一年八月にアメリカの大統領フランクリン・ルーズヴェルトとイギリスの首相ウィンストン・チャーチルとの間で調印されたのが大西洋憲章である。ドイツのポーランド侵略（一九三九年九月）から始まったドイツとイギリス・フランスの間の欧州戦争は始まっていたが、まだ太平洋戦争は始まっていない時期である（日本の真珠湾攻撃は一九四一年十二月）。そんな段階で早くも戦争後の世界平和回復の基本原則を米英の首脳が話し合っていたのだ。

この憲章では、領土保全や自由貿易の拡大とともに「一般的安全保障の仕組みの必要性」が述べられており、機能を停止しつつあった国際連盟に代わる世界平和のための新たな機関の構想が提案されていた。

といっても、第三項目にあった「政府形態を選択する人民の権利」は、ルーズヴェルトが全世界に適用されると考えていたのに対し、チャーチルはナチスドイツに主権を奪われたヨーロッパのみに限るとして、双方の意見は一致しなかった。チャーチルとしては、アジア・アフリカに存在するイギリスの植民地にまで、この項目が適用されるのを拒絶したのである。結局、ルーズヴェルトはチャーチルの意見に同意した。その意味では、大国のエゴイズムを残したままの世界秩序の形成という側面は否定できない。

国際連盟が十分有効に機能しなかったことを反省して、新たに立ち上げられたのが一九四五年十月に発足した国際連合（United Nations）で、その目的として世界の平和と安全（安全保障）、諸国間の友好、経済・社会・文化・人道問題の解決、人権と自由権を助長するための国際協力、などを掲げている（国連憲章第一条）。

そして何より重要なことは、憲章の「前文」で、

国際的な平和と安全を維持するためにわれらの力を合わせ、共同の利益の場合を除くほかは武力を用いないことを原則の受託と方法によって確保し、

と、宣言していることである。また憲章第二条の「原則」でも、

国際紛争を平和的手段によって国際の平和および安全並びに正義を危うくしないように解決しなければならない。

とした上で、

「いかなる国に対しても武力による威嚇もしくは武力の行使を慎まなければならない」と念を押している。これら憲章から、原則的には紛争の解決には武力を用いないことを宣言しているのは明白である。実はあまり言われないのだが、国連は日本国憲法第九条と同じく、武力の不行使と戦争の放棄を原則としているのである。

しかし、国際紛争や大規模な内戦という事態が勃発すると、「国連平和維持軍」と呼ぶ、安全保障委員会の承認のもとで武装した国連軍が派遣されるのが当たり前になっている。武力行使は国連憲章の本来の原則に違反しているはずなのだが、今や武力行使が原則となっているかのようである。その理由は、集団的自衛権の行使を認めて同盟国の紛争に介入できることと、先に掲げた憲章の「前文」に「共同の利益の場合を除く」との文言が入っているためであると思われる。国際連盟において軍事力を行使する仕組みがなかったことが無力であった原因だとして、国際連合は加盟各国が派遣する多国籍軍を使えることにしたのである。やはり、国連は原点に戻って、紛争が起こった場合には武力を用いず徹底した話し合い路線を採用すべきではないかと思う。

軍縮のための諸条約

国連の下部機構ではないものの、国連と密接な関係を持っていたのが軍縮委員会である。一九六〇年に一〇ヵ国軍縮委員会、一九六二年には一八ヵ国軍縮委員会となった。一九七八年に第一回国連軍縮特別総会が開催され、その決議からジュネーブ軍縮会議が正式に発足したのは一九八四年で、現在まで継続している。

軍縮委員会が主導して成立した条約としては、

一九六三年部分的核実験停止条約（ＰＴＢＴ、地下を除く大気圏内、宇宙空間および水中における核爆発を伴う実験を禁止する条約、アメリカ・イギリス・ソ連が締結）

一九六八年核拡散防止条約（ＮＰＴ、アメリカ・イギリス・フランス・ソ連（ロシア）・中国の五ヵ国以外の核兵器保有を禁止する条約、締約国は一九一ヵ国）

一九七二年海底における核兵器等設置禁止条約（Sea-bed Treaty　海底に核兵器や大量破壊兵器の設置を禁止する条約、締約国は八四ヵ国）

一九七五年生物兵器禁止条約（ＢＷＣ、既出、締約国一七九ヵ国）

一九七八年環境改変技術敵対的使用禁止条約の承認に関する決議（ＥＮＭＯＤ、広範な、長期的な、または深刻な効果を及ぼす環境改変技術の軍事的または敵対的使用の禁止、地震・津波・生態系破壊・天候や海流の変更・オゾン層や電離層の変更など、アメリカがベトナムで行なった枯葉剤の散布も含まれる、二〇ヵ国以上が批准したので発効）

一九九七年化学兵器禁止条約（ＣＷＣ、既出、締約国は一九二ヵ国）

がある。

以上のように、核実験禁止条約や生物・化学兵器禁止条約など、具体的に軍縮と結びつく重要な条約が軍縮委員会で決められてきた。

一方、もう少し幅広い観点からの、未来を見据えた軍縮の課題を取り上げてきたのが国連軍縮総会である。ＮＧＯが問題を提起して国連に働きかけた結果、本格的に国連が取り上げて締結された条約もある。国連だけでは国家間の取引というような問題が生じるのだが、ＮＧＯという新しいかたちでの国際的平和勢力が出現したことは喜ばしい。そこに科学者がさまざまな形で寄与していることも特筆すべきだろう。

以下に、国連総会（または下部機構）で可決された軍縮に関連する条約を一覧しておこう。

一九五九年南極条約（Antarctic Treaty　南極大陸を非武装化し、いかなる兵器の実験も禁止する条約、締約国は五二ヵ国）

一九六七年宇宙条約（Outer Space Treaty　月その他の天体を含む宇宙空間は平和目的のみに利用する義務と宇宙空間における核兵器の設置と実験を禁止する条約、一〇一ヵ国が批准）

一九八三年特定通常兵器使用禁止制限条約（CCW、既出）

一九九六年包括的核実験禁止条約（CTBT、宇宙空間、大気圏内、水中、地下を含むあらゆる空間での核兵器の核実験による爆発、その他核爆発を禁止する条約、一五七ヵ国が批准しているが、核兵器保有国を含む四四ヵ国の批准が完了していないため未発効）

一九九七年対人地雷全面禁止条約（既出）

二〇一〇年クラスター弾に関する条約（既出）

二〇一四年武器貿易条約（ATT、戦車や軍用艦船、戦闘用航空機やミサイルなど通常兵器の国際移譲を規制する条約、批准国が五三ヵ国に達したので発効）

二〇一七年核兵器禁止条約（TPNW、核兵器の開発、実験、製造、備蓄、移譲、使用および威嚇としての使用禁止ならびにその廃絶に関する条約、一二二ヵ国の賛成で採択されたが、核兵器保有国および核の傘の下にある国――日本を含む――は採決に不参加で、反対はオランダ、棄権はシンガポールだけであった、批

准国が五〇を超えていないので未発効）

などがある。

ＡＩ兵器禁止条約（ＮＧＯが主宰し国連が仲介する国際会議において、ＡＩ兵器としてのドローンや殺人ロボットなど、ＡＩ時代に出現すると考えられる自律型致死兵器を禁止するための議論が開始されている。とりあえずは上記の特定通常兵器使用禁止制限条約（ＣＣＷ）の範疇に入れて、国連総会の場で議論することを目指している。）

日本学術会議の決議・声明

現在の日本学術会議の前身にあたる組織は、一九二〇年に創立された学術研究会議で、自然科学分野のみで構成されていたが、一九四三年に人文・社会科学も加えることになった。しかし、学術研究会議が第二次世界大戦への科学者の組織的動員の中心となったことから、戦後廃止され、人文系・社会系・理工系・医学薬学系・農学系を含む全分野の研究者からなる日本学術会議が一九四九年一月に発足した。

全国の科学者（当時約四万人）によって二一〇名の会員を、自主的・民主的に直接選挙で選出するという方式は、「学者の国会」と呼ばれるのに相応しく、世界に類例のない先進的組織であった。といっても、分野によっては帝国大学時代の上意下達の古い体質のままの会員も多くいて、矛盾を抱えて出発したのである。そのことは、第一回から日本学術会議会員であった坂田昌一の『科学者と社会論集2』の冒頭に書かれている。そこでは、

日本の学問の過去のあり方に対する峻烈なる反省と新しい出発にあたっての力強い決意を披歴された羽仁五郎会員は、「この国において理性が二度と後退せぬよう努力することをわれわれ日本学術会議会員一同は全世界の人民に向かって約束せねばならない」と述べてこの演説をむすばれたのであった。

と、祝賀会の席上で羽仁五郎が行なったテーブルスピーチに深い感銘を受けたことを述べつつ、

私は破れるような拍手が堂に満つることを期待したが、実際には拍手の音が大きかったにも拘わらず、あまりにまばらな箇所からしか起こらなかったのでまことに意外な感じに打たれた。

と、書いている。羽仁五郎の「日本の学問の過去のあり方に対する峻烈なる反省」をする必要がないと考える会員がかなり多数いたのである。事実、発足にあたっての声明文を検討する過程の議論においてさまざまな異論が出されたのであった。

一九四九年発足時の決意表明

記念すべき第一号の声明文を以下に再録しておこう。

日本学術会議の発足にあたって科学者としての決意の表明（声明）

われわれは、ここに人文科学及び自然科学のあらゆる分野にわたる全国の科学者のうちから選ばれた会員をもって組織する日本学術会議の成立を公表することができるのをよろこぶ。そしてこの機会に、われわれは、これまでわが国の科学者がとりきたった態度について強く反省し、今後は、科学が文化国家ないし平和国家の基礎であるという確信の下に、わが国の平和的復興と人類の福祉増進のために貢献せんことを誓うものである。そもそも本会議は、わが国の科学者の内外に対する代表機関として、科学の向上発達を図り、行政、産業及び国民生活に科学を反映浸透させることを目的とするものであって、学問の全面にわたりそのになう責務は、まことに重大である。されば、われわれは、日本国憲法の保障する思想と良心の自由、学問の自由及び言論の自由を確保するとともに、科学者の総意の下に、人類の平和のためあまねく世界の学界と提携して学術の進歩に寄与するよう万全の努力を傾注すべきことを期する。

ここに本会議の発足に当たってわれわれの決意を表明する次第である。

この文章では、唯一「これまでわが国の科学者がとりきたった態度について強く反省し」という部分のみが戦前の科学者・学術界に対する反省の弁で、それ以外は日本学術会議に託された任務と会員としての今後の決意の表明で、何ら問題がないはずである。しかし、この「とりきたった態度について強く反省」という言い回しに落ち着くまでに、多くの異論が出され紛糾したことが当日の記録からわかる。坂田昌一も「この声明文の検討の際、総会で取り交わされた議論を聞いていると、遺憾ながら未だにこのような反省が実際には充分徹底的に行われていないという事実を認めざるを得なかった」と書いている。

具体的に、「第七部（医学分野）のある会員は「国家が戦争をはじめた以上、国民である科学者がこれに協力するのは当然のことであり、戦争が終わった現在、過去のことを云々するのは却ってよくないのではないか」という意見を述べられた」とある。この意見は、

・国が戦争を始めれば、国民である科学者は国の言うことに従うのが当然である、
・戦争は終わったのだから、過去のことは水に流して論評すべきではない、

と、主張しているのである。これに対し、坂田は

・科学者は国家の侵略的行動に対して盲目であってよいというのであろうか、
・戦争の性格についての理性的な判断を放棄したことを恥としないのであろうか、

と、問いかけている。

いざ戦争になれば誰しも愛国者になるべきなのか、戦争が終わればすべてなかったことにして責任を問わないのか、という問題である。いずれも戦後日本において、議論されないままずっとうやむや

にされてきた問題である。愛国者にならない人間は「非国民」と呼ばれて差別・迫害されてきたこと、日本人の手によって戦争責任を問うことがなく、その無責任な状況は現在までずっと続いていること、それらを、科学者が戦争において果たしてきた役割を含めて、科学者の立場から分析し、しかるべく総括が必要なのではないだろうか。

今や、科学者が戦争に大きな寄与をすることが明らかであるからこそいっそう、これらの問題について科学者として検証しなければならないのではないか、と思う。福島の原発事故に対し、政治家も東電の幹部も原子力の専門家も、誰も責任を取っていない。特に、原発の安全を保障してきた原子力の専門家は、自分たちの学問の限界について反省するという「専門家としての社会的責任」を果たさねばならないはずなのだが、誰もが口を拭っている。それどころか、新たな安全神話を標榜して、原発の再稼働さらに輸出に熱心である。さて、このような科学者が社会的信頼を得られるのだろうか。

一九五〇年第六回総会声明

日本学術会議は、一九五〇年の四月末に行なわれた第六回総会において、まさに歴史的重要性のある総会声明を決議した。その全文を以下に掲げる。

戦争を目的とする科学の研究には絶対従わない決意の表明（声明）

日本学術会議は、一九四九年一月、その創立にあたって、これまで日本の科学者がとりきたった態度について強く反省するとともに、科学文化国家、世界平和の礎たらしめようとする固い決意を内外に表明した。

われわれは、文化国家の建設者として、はたまた世界平和の使として、再び戦争の惨禍が到来せざるよう切望するとともに、さきの声明を実現し、科学者としての節操を守るためにも、戦争を目的とする科学の研究には、今後絶対従わないというわれわれの固い決意を表明する。

このような決議が出された政治的背景は二つあった。一つは、一九四七年に公布された日本国憲法で「戦力不保持」「戦争放棄」を軸とする平和主義が打ち出されたことである。坂田昌一は、「科学者の国会」である日本学術会議も戦争のための科学を放棄するという宣言を行ない、これを内外の科学者に呼びかけることは当然かつ「日本の科学者の全人類に対する義務とさえ言える」と書いている。それは第一回総会の決意にある、「人類の平和のためあまねく世界の学界と提携して学術の進歩に寄与する」という精神を再度確認するものでもあった。このような日本の学術界を代表する日本学術会議が戦争と訣別する宣言を出したことによって、日本の大学等の科学者にとっても軍事研究を拒否するのが当然であるとされ、いわば日本の伝統となったと言える。

もう一つの政治的背景は、日本が引き起こしたアジア・太平洋戦争が終結して朝鮮は独立することになったが、南朝鮮と北朝鮮の対立があり、冷戦の煽りでそれぞれがアメリカとソ連・中国の後押しを受けて一触即発の状態にあったことである。そのときに科学者たちが最も恐れたのは、戦争になったときにまたもや原爆が使われて広島・長崎と同じような惨禍が繰り返されることであった。そのことを憂慮し、日本学術会議としても原子力の国際管理を主張していた。ところが、一九五〇年一月になってアメリカが水素爆弾の開発を表明したこともあり、日本学術会議として平和路線を早急かつ明確に打ち出し、それを内外に宣言する必要を感じたのだと思われる。

この決議を出した後に書かれた坂田の文章「科学者と平和――第六回総会から」においては、「平和に対する内外学界の動きをたえず注視し、時宜に適した行動をとるのは日本学術会議の義務であり、今回の声明も、その後（第一回総会以後）六ヵ月における学界の動向を反映した結果である」と、この声明の意義をまとめている。

そして、「世界平和が維持できるかどうかという現代における最大の課題に対して、二十世紀の自然科学の最高の成果である原子力が極めて重要なカギを握っていることはいまさら強調するまでもない」と書き、原子力（原爆）使用についての懸念を表明していることが注目される。実際、「人類を原子爆弾の破壊から救う唯一の方法は、平和を守るために最大の努力をささげるほかない。平和への路がいかにけわしく、いかに遠くあろうとも、人類はこの路を歩まねば死滅するのである」と、核廃絶の重要さを強調している。

これを読むと、私たちは平和を追求するこれほどの執念を失って、安閑と暮らしていないか、反省しなければならないと思う。今なお人類を皆殺しにできるだけの核兵器が配備されている現状や、北朝鮮の核開発を止められずに力で押え込もうとする世界の動きがある。それを見ているにもかかわらず、私たちは平和のための声を挙げることがなくなっていることを反省しなければならない。

一九六七年第四二回総会声明

以上の決議に続いて、一九六七年十月に軍事研究に携わらない日本学術会議の決議が再び表明されることになった。この声明は、すぐ後に述べるように、大学・学会・研究団体などが米軍から研究費を受け取っていた問題が新聞社のスクープによって暴露され、大騒動になったことが契機となって出されたものである。

軍事目的のための科学研究を行なわない声明

われわれ科学者は、真理の探究をもって自らの使命とし、その成果が人類の福祉増進のため役立つことを強く願望している。しかし、現在は、科学者自身の意図の如何に拘わらず、科学の成果が戦争に役立たされる危険性を常に内蔵している。その故に、科学者は自らの研究を遂行するに当たって、絶えずこのことについて戒心することが要請される。

今やわれわれを取りまく情勢は極めてきびしい。科学以外の力によって、科学の正しい発展が阻害される危険性が常にわれわれの周辺に存在する。近時、米国陸軍極東研究開発局よりの半導体国際会議やその他の個別研究者に対する研究費の援助等を契機として、われわれはこの点に深く思いを致し、決意を新たにしなければならない情勢に直面している。既に日本学術会議は、上記国際会議後援の責任を痛感して、会長声明を行った。

ここにわれわれは、改めて、日本学術会議発足以来の精神を振り返って、真理の探究のために行われる科学研究の成果がまた平和のために奉仕すべきことを常に念頭におき、戦争を目的とする科学の研究は絶対にこれを行わないという決意を声明する。

この六七年声明は、一九五〇年の声明を踏襲したものとされているが、よく読めば違った側面も浮かび上ってくる。それは、戦争目的あるいは軍事目的と科学研究との関係の意味が広がり、単純ではなくなっていることである。その中で米軍からの研究費供与の問題が出てきてさまざまに議論されたのである。そのため以下に見るように、苦労しての声明文の作成というむつかしさが声明文に滲み出ている。順を追って、気づいた点を論じてみよう。

まず、第一段落で「科学者自身の意図の如何に拘わらず、科学の成果が戦争に役立たされる危険性」を述べており、科学技術のデュアルユース性（そのような言葉は使っていないが）に注意を喚起している。民生目的として日常的に行なっている研究が、科学者の意図とは別に軍当局によって軍事目的に転用されることに留意せよ、ということである。現在では、軍事目的の技術が民生目的にも使えることを強調する論調が強くなっており、軍事と民生の視点が逆転している状況になっていることに注意しなければならない。

ここで重要なことは、「科学者自身の意図の如何に拘わらず」に悪用されてしまう危険性で、科学者自身もこのことについて絶えず戒心する（用心する、油断しない）よう求めていることで、自分の研究成果に対して、使い方まで警戒すべきと言っている。科学者・技術者はつい作る人の立場のみに留まろうとするのだが、その使い方にまで注意を払う責任があるというわけだ。「自分は作っただけだから責任はなく、使った軍に責任がある」との言い分は通らないのである。

原爆に限らず、科学者・技術者には自分がその製造を提案しただけであっても責任があり、それが戦争に使われたり、人々に被害を与えないよう科学者として注意・助言をしつづける義務があるとする見解は、広く科学者の社会的責任を考えるうえで、常に心に留めておくべきであろう。

というのは、原爆のように人間やインフラを直接破壊することを目的とした兵器の開発だけではなく、軍隊用の正確な時計とか埋設爆薬（地雷）の探知装置など、それだけを見れば戦争目的と直接関係しないように見える装備のための軍事開発があるからだ。それを軍事研究であると断じることについ躊躇を覚えるかもしれない。しかし、それが実際に軍事行動にどう使われ、結果的に周囲の人々に対し、いかなる問題を引き起こすかまで想像しなければならない。軍隊用の正確な時計は軍事情報の伝達やスパイ衛星との通信同期のために使うのみで、人々の生活の便宜のためではない。軍のための埋設爆薬の探知は、軍隊が進軍するための通路の安全性を確保するためであり、住民が安心して田畑に出歩けるようにするためではない。科学技術の成果がどのような意図で使われるか、それが純粋に民生用に使われる場合とどう異なるのかを見極めなければならない。声明が言う「科学者自身の意図の如何に拘わらず」の意味を深く受け止めねばならないと思う。

この声明の第二段落で、米軍からの研究費の援助を受けたことについての経緯を簡単に述べている。一九六六年に日本物理学会が開催した半導体国際会議に米軍資金を導入していたことが新聞にスクープされ、この国際会議を後援していた日本学術会議もその責任を問われることになったのである。当の日本物理学会でも、会員から当時の学会執行部への批判が高まり、臨時総会を開いて米軍からの資金導入を遺憾とし、今後一切軍関係からの資金をもらわないとの決議を採択している。

声明のこの段落で注意すべき文言は、「科学以外の力によって、科学の正しい発展が阻害される危険性が常にわれわれの周辺に存在する」という部分で、科学はそれ自体が閉じた（他の世界とは関係しない）世界ではないという当然の事実を再確認している。実際、それまでは科学の最大のスポンサーは政府（文部省）であり、そことの関係さえきちんとしていれば、自律的に科学は発展していくと考えるのが普通であった。しかしながら、そうでない状況が生まれてきたのである。科学に力を及ぼしてその発展に大きな影響を与えかねない存在として米軍が現れたのだ。そのため国会でも大きな議論になったのである。

時代が下るとともに、産学官連携という掛け声で産業界（や経済産業省）が科学の商業的利用という側面から大きな力を及ぼすようになっている。さらに軍学共同を持ちかけて軍事研究に誘い込もうと防衛省が公然と姿を現してきた。米軍資金は今も続いており、その資金提供も巧妙になっている。さらに、この声明が出された頃に比べて、現在は科学に産業界や財務省など多様な方向から力が働くようになっており、今後軍産学官複合体が形成され、科学は危険な場に連れ込まれかねない危険性もある。現在の科学は、一九六七年当時の状況よりもっと厳しく、多方面から影響を受ける時代となっていることを認識しておく必要がある。

むろんこの声明は、そこまで見通していたわけではないが、科学を変質させようとする多くの外力がかかってくる懸念があることに注意を促している。そして、科学研究の原点は真実の探究と平和のためであることを再確認し、戦争のための科学研究を行なうべきではないと宣言したのである。その意味では、一九五〇年の声明よりも科学への外部からの働きかけを意識するようになっており、科学研究の原点を再確認した意義は大きい。

とはいえ、当時の日本はまだ健全で、平和の問題を真剣に考えていた時代であったと思わざるを得ない。米軍資金が大学等に入っていることが社会的な大問題となって、さまざまな議論が交わされて軍事研究を拒否することが、日本物理学会や日本学術会議で決議されたのだから。

第4章　安全保障技術研究推進制度の概要と問題点

　これまでにたびたび述べてきたが、ここで防衛装備庁が創設した「安全保障技術研究推進制度」（以下、「推進制度」と略称する）について、概要を紹介するとともに問題点を指摘しておこう。政府が大学や国立研究開発法人（以下、大学等と略する）の科学者に対し、公然と軍事装備品の開発に役立てるための研究を委託する、つまり科学者を軍事研究に誘導する制度を二〇一五年度から開始したのである。私はこれを「軍学共同」と呼び、「軍」セクターである防衛省・自衛隊と、「学」セクターの科学者との共同研究が始まった」として批判してきた。

　この「推進制度」は、防衛装備庁が科学者を軍事研究に取り込むための制度であることが最大の問題なのだが、さらにこの制度には科学者の生命線である自律性・自主性・成果の公開性に関して疑問点が多く、他の省庁からの通常の委託研究と同じと見做すのは危険である。ところが、これに無批判なまま、デュアルユースであるとか、研究費が欲しいとか、自衛のためだからとか、の理由をつけて許容し応募する研究者が多い。また研究（学問）の自由があるとか、倫理は法ではないと居直って、擁護論を説く科学者もいる。

そこで本章では、防衛装備庁がこの制度によって何を狙っているかを剔出して、そこに潜む問題点を明らかにし、次章において科学者が言いわけとする許容論を批判する。併せて、科学者の倫理や学問の自由に対する考え方を述べたい。何より私が心配するのは、日本において形成されつつある軍産複合体に「学」が組み込まれ、科学が軍事研究を通じて戦争に動員されることが当たり前になっていく危険性である。端的に言えば、「学」が「軍」の召使いになってよいのか、という問題なのである。

「推進制度」の概要

制度の目的

この制度を創設するに当たって、防衛装備庁は「平成27年（二〇一五年）度版　安全保障技術研究推進制度パンフレット」を発行している。その冒頭に、

防衛省では、装備品への運用面から着目される大学、独立法人の研究機関や企業等における独創的な研究を発掘し、将来有望な研究を育成するために、平成27年度から競争的資金制度である安全保障技術研究推進制度を開始します。

と、その目的を述べている。「装備品への運用面から着目される」とあるように、将来の軍事装備品の開発を想定した技術開発提案の募集である。そして、「本制度の概要」に書かれているように、「本制度の研究内容は、基礎研究を想定しています。得られた成果については、防衛省が行う研究開発フェーズで活用する」ことを謳っている。防衛装備庁が、「将来の装備品に適用可能な独創的な基礎技術の発掘・育成を目的」とし、「研究の成果は防衛装備庁内における適切な研究事業に活用」すると公言しており、防衛省としてこの「推進制度」をどのように考えているかは明らかである。

そのことは、「防衛装備庁における装備品の研究開発の流れ」を見ればよくわかる。この流れ図では、横軸に技術成熟度（ＴＲＬ：Technology Readiness Level）を段階1から9までに分割し、さらにそれを技術開発の四つの段階、基礎研究—応用研究—研究開発—実用化・事業化に区分して、基礎研究をその第一ステップとして位置づけているからだ。

興味深いのは、縦軸に技術開発の四つの段階の研究目標を具体的に掲げ、横軸の技術成熟度（ＴＲＬ）と一対一対応させて明示していることである。それは、

縦軸（研究目標）	横軸（ＴＲＬ、四つの段階）
「安全保障技術研究推進制度」	（ＴＲＬ1〜2、基礎研究）
「研究所等での要素研究」	（ＴＲＬ3〜4、応用研究）
「技術を実証するための試作・試験」	（ＴＲＬ4〜6、研究開発）

「実用化を目指した試作・試験」（ＴＲＬ６～９、実用化・事業化）

という具合で、装備品の開発にメリハリを付けようとしている。なかなかよく考えられた軍事開発の流れだが、これは欧米ですでに採用されている軍事装備品開発方式をそのまま借用しているもので、防衛装備庁が独自に提案したわけではない。

「推進制度」をＴＲＬ１～２に位置づけているように、防衛装備庁がこの制度で狙っているのは装備品に対するアイデアである。それが有効そうだと判断すれば、その後は防衛装備庁にある四つの研究所のいずれかが引き取り、実際の装備品開発を行なうという段取りとなっている。そのため、アイデアを出した科学者には、防衛装備庁がその後どのような軍事装備品として展開していくかわからないから、自分の研究成果がいかなる目的に使用されるかを管理することはできない。科学者は研究成果が軍事的に利用される可能性があるのは当然であることを覚悟しておかねばならない。「そんなつもりで提案したわけではない」と言っても、あとの祭りなのだ。

防衛装備庁が基礎研究であるということを強調するのは研究者の気を惹くためなのだが、研究テーマを見れば大よその応用先が想像できる。そもそも将来の応用は防衛装備品への適用であることは確かであり、「技術的に関心がある技術領域」を研究テーマとして提示していれば、もう十分に応用研究であって、決して基礎研究ではない。私たちは、つい「基礎研究」と呼べば軍事研究とは関係しないかのような気がするが、「軍事利用につなげることを目的とした基礎研究」なのだから、軍事研究にほかならないことは言うまでもない。
そのように言われないために、最近の公募要領では、

研究テーマに沿った基礎研究を対象としています。研究テーマに沿ったものであれば、学術研究を含めどのような基礎研究を応募するかは応募者の自由に任されていますが、新規性、独創性又は革新性を有するアイディアに基づく、科学技術領域の限界を広げるような基礎研究を求めます。採択に当たって、防衛装備品への応用可能性は審査における観点に含めていません。

と、書くようになっている。いかにも装備品の開発と関係がないかのように装っている。
とはいえ、公募要領の「制度の趣旨」には明らかに矛盾した文章があって、

防衛分野での将来における研究開発に資することを期待し、先進的な民生技術についての基礎研究を公募・委託する。

という文章があるのだが、すぐその下の方では、

防衛装備庁が自ら行う防衛装備品そのものの研究開発ではなく、先進的な民生技術についての基

礎研究を対象としている。

という文章が出てくる。一方では「防衛分野の将来に資することを期待」していると言い、他方では「防衛装備品そのものの開発ではない」と言っているからだ。「防衛分野の将来に資する」のだから、「防衛装備品そのもの」ではないと屁理屈をこねるのだろうか。これは言葉のトリックで、これらの文章に続く「先進的な民生技術についての基礎研究」の受け取り方が大いに違ってくる。実は、この制度に応募した大学と交渉すると、共通して後者の意味で応募することを認めたと回答する。研究者の多くは、自分の都合のよい言葉の方を信じ込んでいるのである。この二つの文章は、応募者をペテンにかけていると言えるだろう。

また、最近の公募要領では、後に述べる日本学術会議の声明で学問の自由が強調されていることを考慮して、

> 学問の自由及び基礎研究を含む学術の健全な発展は極めて重要であるとの基本認識の下、安全保障と科学技術の健全な関係構築に資する基礎研究を期待しています。

と、一見格調高い文言に改めている。しかし、この「基本認識」と「安全保障と科学技術の健全な関係構築」とはどう結びつくのか、そもそも「安全保障と科学技術の健全な関係」とは何を意味するの

であろうか。空疎な言葉の羅列に過ぎず、いかにも重要なことを述べているように印象づけようとしているだけである。学問の自由に関しては、第5章で詳しく議論する。

制度の仕組み

この「推進制度」が発足した二〇一五年度以来、以下のような制度の仕組みは変化していない。

（1）研究課題の公募（研究テーマの提示）
（2）研究機関・研究者からの応募
（3）安全保障技術研究推進委員会による採択課題の決定
（4）採択研究機関長との委託契約
（5）研究の実施（研究の進捗管理、年度ごとに事業完了届・研究成果報告書・会計実績報告書を提出）
（6）研究終了（事業完了届・研究成果報告書・会計実績報告書の提出）
（7）終了評価

（4）の段階で、契約を結ぶのは防衛装備庁長官と研究機関長の間であることに注意すべきである。研究者が個人として受託するわけではないから、通常の産学共同での委託・受託契約と同じではない。受託者を機関長としたのは、この制度に研究機関を取り込むことが目的だと考えられる。

募集種目

タイプA

研究費規模　一課題あたり一年で最大三九〇〇万円（三年間でほぼ一億円規模）

研究期間　三ヵ年度以内（一ヵ年度、二ヵ年度でも可）

契約形態　単年度ごとの委託契約（契約は毎年度評価・更新）

（注：研究者が通常応募する科学研究費補助金（科研費）の総額一億円規模の募集では膨大な書類が必要なうえ、競争率が高くて採択率はきわめて低い。それと比べると実に手軽である。）

タイプC

研究費規模　一課題あたり一年で最大一三〇〇万円

研究期間、契約形態　タイプAと同じ

（注：この二〇一八年度に新設されたタイプCの応募では、これまでの研究実績を問わず、必要書類や必要経費の記載を簡略化し、その代わり研究の意欲について文章を書かせることにしている。若手研究者の応募を奨励するために設置したと考えられる。）

タイプS

研究費規模　一課題あたり最大二〇億円

原則五ヵ年度（実質四年半）

契約形態　研究期間全体を通じた複数年契約（適切なタイミングで評価）

（注：二〇一七年度大規模研究として新設された種目である。公募要領には、タイプSとして期待される研究課題の類型として

（1）研究成果を得るために、大規模な試作や試験が必要な研究、または数多くの試作や試験を繰り返す必要がある研究、

（2）研究機関や分野をまたいだ研究実施体制を構築するとともに、複数の研究計画を組み合わせて実施・管理する必要のある研究、

の二点を挙げている。（1）は費用がかかる実験を数多く行なう必要がある開発研究、（2）は得意分野が異なる企業同士が共同で開発したり、企業と大学等が分担して行なう大型事業で、まさに軍産学連携を進めようとの魂胆だろう。）

タイプSの狙いは、新たな技術開発においては、基礎的な研究段階（TRL1〜2）と実際のシステムとして試作・実証段階（TRL4〜6）に大きなギャップがあり、これが「死の谷」と呼ばれているもので、それをいかに飛び越えるかがカギになる。欧米では、この「死の谷」を飛び越えること自体がイノベーションと呼ばれるそうだが、そのために特別プログラムのようなものも組まれているという。タイプSは、「死の谷」を飛び越えるために装備庁が考案した方策なのだろう。

選考・評価について

応募された提案に対する審査と、採択した課題研究の進捗を把握し、評価し、審査するために、外部の有識者による「安全保障技術研究推進委員会（以下、推進委員会）」が設置される。委託研究の公正さを示すためにどの省庁でも採用している方式で、その任務は

・技術提案の審査、採択、
・必要に応じ、委託先の研究の目標達成状況、研究実施体制を確認、評価、
・研究成果の確認、評価等、

とされている。応募の審査のみならず、たとえばタイプAやCでは、毎年度ごとに契約を結び直し、次年度の予算の大枠を決定するから、そのために推進委員会が然るべき評価・判定を下すことになっている。といっても、各委員が研究代表者と直接接触するわけにいかないから、個々の採択課題ごとにプログラムオフィサー（PO）を配置して研究の進捗状況などを把握し、POを統括するプログラムディレクター（PD）が委託研究全体の進み具合のデータを集約することになっている。

いかにも厳密で公正な審査・評価システムのように見えるが、個々の課題の進捗判定ではPOの、そして全体の予算配分にはPDの意向が強く働くことが予想される。PO・PDいずれも防衛装備庁の職員が勤めるから、予算の配分・執行は装備庁が牛耳ることになる。肝心のところは、防衛装備庁が押さえているのである。

募集する研究テーマ

防衛装備庁の本音

「安全保障技術研究推進制度」の特徴は、毎年募集する研究テーマの一覧表を公示し、それに関する技術的解決方法（研究課題）を公募するというかたちを採用していることである。

最初、技術研究本部（後の防衛装備庁）はかなり研究テーマを絞り込んで募集し、それに関する具体的な提案を期待したようだ。事実、二〇一五年度の募集要領では「以下の観点で選定します」とあって、

①既存の防衛装備の能力を飛躍的に向上させる技術
②新しい概念の防衛装備の創製につながるような革新的な技術
③注目されている先端技術の防衛分野への適用技術

の三点が掲げられていた。これを見れば、今すぐにも使える防衛装備技術の開発であり、これが防衛省の真の狙いだと推測できる。翌年以降の募集ではこのような露骨な表現をしなくなるのだが、心底ではここに記載したような技術開発を望んでいることを忘れてはならない。

おそらく、防衛省内部でもこのような観点を示すのは拙速ではないか、という批判が出たのだろう。その後、毎年のように説明文が異なっているが、どうやら以下のような文章に落ち着いてきたようで

ある。

本制度では、防衛装備庁が提示する研究テーマに対し、基礎研究領域の段階まで立ち返ってその解決策を検討し、具体的な研究計画として提案いただくことを想定しています。提出していただくのはタイプSでは5か年度、タイプA及びタイプCにおいては最大3か年度の研究提案であり、新規性、独創性、又は革新性を有するアイディアに基づく、科学技術の限界を広げるような基礎研究、技術の限界や極限を見極めるような基礎研究を期待します。

特に、研究対象を理論的に解明した上で、機能・性能の飛躍的向上を目指したり、従来想定されなかった新たな用途を追求したりするような基礎研究を期待します。

やたらに基礎研究という言葉を使っているのだが、さまざまな修飾語が前につくので、むしろ適用領域が多様な応用研究の募集のように思える。純粋な基礎研究なら修飾語は不要なのだから。

募集要領に書かれている研究テーマが、以前は非常に具体的で装備品への転用がすぐに連想できそうな題目で募集されていたのだが、一般的な研究テーマ名へと変更されていることも注意点である。防衛装備庁は、防衛装備品開発に直結したテーマ名では警戒されるので、一般的・抽象的なテーマ名に変えるというのが本当だろう。はじめは「昆虫あるいは小鳥サイズの小型飛行体」であったものが、「生物模倣による効率的な移動体」に変わったのが、その典型例である。

公募要領の大きな変更

二〇一七年の公募要領の表紙に、目立つように黄色の背面に赤字で、以下のような文章が麗々しく掲げられた。

本制度の運営においては、
・受託者による研究成果の公開を制限することはありません。
・特定秘密を始めとする秘密を受託者に提供することはありません。
・研究成果を特定秘密を始めとする秘密に指定することはありません。
・プログラムオフィサーが研究内容に介入することはありません。

実は、この四項目は、「推進制度」の問題点として、私たちが以前から指摘していた問題で、防衛装備庁がこのように明言することで、研究成果の公開性、特定秘密問題、ＰＯの研究への介入について、トラブルが起こらないよう「約束」したのである。私は、「推進制度」の社会的依存度が高まり、多くの研究者がこれに応募することに疑問を抱かないようになるまでは、防衛装備庁が本音を隠すために、このような「約束」をしたのだと考えている。以下では、各項目について防衛装備庁の「本音」と「建前」の使い分けを分析しておこう。

成果の公開について

研究者が最も気にするのは研究成果の公表が自由にできるかどうかであり、それに対して少しでも疑念があれば応募することを躊躇する。むろん、装備庁もそのことをよく知っているから、公募要領ではかなり神経質に表現している。実際、研究発表を行なうように当たっては、装備庁として事前に発表内容を完全に把握していることを当然とし（これが「本音」）、しかし研究者に発表の自由度があるかのように思わせる（これが「建て前」）、という隘路を進もうとしているのである。したがって、これまで公募要領で成果の公開条件を書き進むうちに、言葉の選択において矛盾をきたさないよう曖昧な表現でごまかしてきた。

最初の二〇一五年度の公募要領では、「本制度では成果の公開を原則としており」と、オープンな公募であるかのような印象を与える文章になっていた。いかにも公開について鷹揚という印象を与えるように書いていたのである。「原則」という言葉は、『広辞苑』に「人間の活動の根本的な規則。基本的なきまり」とあるように、物事を律する土台となる取り決め（規則）であり、それが約束事の基本になる。とはいえ、「例外のない規則はない」と言われるように、「例外」が持ち込まれると原則の適用を受けない場合（非公開）も許容されてしまう。ここでは、公開は当たり前で、非公開が例外と受け取っておくのが素直である。

ところが、続く文章ではさっそく微妙に表現が変わっている。「本制度では、委託先が希望すれば、得られた成果について外部への公開が可能です」とあって、公開が「原則」から「委託先（研究代表者）の希望があれば可能」になり、ずいぶん後退したという印象を受ける。というのは、「公開が可能」との文言は、非公開が原則で、希望によって公開「の余地がある、がありうる、ができる、が考えられる」と受け取るのが普通となるからだ。難癖をつけているように思われるかもしれないがそうではなく、先の「公開が原則は「建前」で、後の「公開は可能が「本音」」と考えれば、あり得ることと理解されるのではないだろうか。言葉の使い方の小さな違い、ではないのである。

「公開ができる、できない」の問題には、「自由に」という接頭語を付ける必要があり、研究者が望めば自由に発表（公開）できるとともに、望まなければ発表（公開）しないという自由も確保されなければならない。しかし、続く文章で「技術研究本部においても研究の成果を取りまとめて発表することがあります」と、技術研究本部（防衛装備庁）が一方的に発表する場合があると書かれていて、研究者の同意がなくとも発表させられてしまう危険性もあることに注意しておきたい。この条項はそのまま現在も引き続いて適用されている。

さらに二〇一五年度の公募要領には、

・研究成果報告書を防衛省に提出する前に成果を公開する場合には、その内容について、公開して差し支えないことをお互いに確認することとしています。

・研究実施期間中、研究成果報告書として防衛省に提出していない内容に関し、研究実施者が公表を希望する場合には、担当のＰＯと調整の上、発表の前に「委託契約事務処理要領」に定める「成果公表届」を事務局まで提出してください。

と書かれ、「委託契約事務処理要領」には、

甲及び乙は、本委託業務の成果を外部に発表しようとする場合には、発表の内容、時期等について、他の当事者の書面による事前の承諾を得るものとする。

とある。成果の発表を予定している研究者にとっては面倒な義務を課していたのである。これが防衛装備庁が求めたい「本音」なのである。しかし、それでは研究者が警戒して応募を躊躇する可能性が高いことから、二〇一七年度の募集要領から、研究者からの要望を取り入れたとして、公開に関連する部分はすべて「防衛装備庁が研究者の研究成果の公表を制限することはありません」に変えた。この文言に沿って公開に関連する表現を全面的に改めたのである。

しかし、それに続いて「受託者による研究成果公表の際は、研究の円滑な進捗状況の確認の観点から、あらかじめ防衛装備庁に通知していただくことにしており」と、あらかじめ（事前）「通知（届け出）」を条件としている。これまでの「確認」から「通知（届け出）」制と変更したのだから、公表の

手続きがずいぶん簡単になったと思わせるためだろう。

しかしながら、成果の公表が自分で勝手に決められるのではなく、必ず届け出なければならず、届け出れば自動的にOKとなるわけではない可能性があることに要注意である。口頭で「公開します」とPOに通告するだけでよいとは思えないからだ。POから公開の同意を得なければならず、そのためにはPOが研究内容を点検し、批評を加え、公開する範囲をどこまでにするかなど、必ず話し合いが求められるだろう。「通知（届け出）」は「建て前」であって、「確認」にしたいのが「本音」であるからだ。

もっとも、ほとんどの場合は（そして制度が発足して当分の間は）フリーパスで、POがアレコレ口を出すことはないと思われる。通常は気楽な関係を結んでおく方が、「推進制度」に好意を抱かせるためには得策であるからだ。しかし、いざとなれば公開を諦めさせたり、公開内容を変えさせたりできるよう、「通知（届け出）」することを義務づけていると考えるべきだろう。普段はみだりに使わない、「伝家の宝刀」としてとっておくのである。

特定秘密について

私たちは通常、国家機密とか軍事機密とかとは縁がないのであまり気にしないが、軍事研究やサイバー管理や安全保障貿易管理（国際的な平和および安全維持の観点から、大量破壊兵器の拡散防止や通常兵器の過剰な蓄積防止などのための国際的な輸出管理に関する枠組み）に関わるようになると、必然的に特定秘密と絡むようになる。

二〇一三年に制定された「特定秘密の保護に関する法律」（いわゆる「特定秘密保護法」）では、

「（特定秘密を指定できる権限を持つ行政機関が所掌事項に関する情報であって）公になっていないもののうち、その漏えいが我が国の安全保障に著しい支障を与えるおそれがあるため、特に秘匿することが必要であるもの」を「特定秘密」と呼ぶ。

と、なっている。単純に言えば、行政機関が「安全保障に著しい支障を与えるおそれがある」と見做せば特定秘密になってしまうのである。

この「推進制度」は、将来軍事装備に使われるかもしれないが、ごく初歩的で基礎的な技術開発研究だから、その成果がただちに特定秘密に指定されるとは考えにくい。防衛装備庁もそう考えていて、「防衛装備庁が保有する情報あるいは施設の利用について」では、

研究実施機関あるいは防衛装備庁が保有する不開示情報の利用が研究目的達成の上で有効であると、研究代表者及び防衛装備庁の双方が認めた場合には、別途協議します。なお、いかなる場合であっても、特定秘密の保護に関する法律（平成二五年法律第１０８号）第３条に規定する「特定秘密」、あるいは日米相互防衛援助協定等に伴う秘密保護法（昭和二九年法律第１６６号）第１条第

3項に規定する「特別防衛秘密」が委託先に提供されることはありません。

と、書かれているのみであった。防衛装備庁が保有する不開示情報を利用させることはあるが、特定秘密に指定された事項は提供されない（アクセスできない）ということを述べたものである。また、たとえ軍事的安全保障に関わる研究であっても、「特定秘密」と「特別防衛秘密」についてはオフリミットであると念を押しているのだ。ある意味でごく当たり前の注意書である。

二〇一七年度の公募要領の表紙に書かれた特定秘密に関する二つの項目のうち、前者の「特定秘密を始めとする秘密を受託者に提供することはありません」について言えば、上記の記載と本質的に変わることはない。ただし、公募要領本文の太字で書かれた文章では「特定秘密その他秘密を研究実施者に提供することはありません」となっており、「特定秘密を始めとする秘密」が「特定秘密その他秘密」へと変わっている。どうやら秘密の範囲が広がったらしく、公募要領の註に、秘密保全に関する訓令に規定する「秘密」および防衛装備庁における秘密保全に関する訓令に規定する秘密が加わっている。このように、秘密の範囲を拡大していくのが為政者の常套手段で、やがて何でもかんでも拡大解釈で秘密に指定してしまうのではないだろうか。

一方、後者の「研究成果を特定秘密を始めとする秘密に指定することはありません」の項目については、公募要領本文に、本制度による委託業務実施の過程で生じたいかなる研究成果についても、特定秘密その他秘密に指定することはありません。

と、やはり太字で書かれている。ここでわざわざ「研究成果が特定秘密等の秘密事項に指定されることはない」と述べているのは、おそらくその可能性が外部から指摘されたため、慌ててこの項を付け加えたのだろうと推察できる。研究者を安心させるためである。

しかし、防衛省は特定秘密を指定できる行政機関なのだから、「推進制度」で得られた成果を防衛省として特定秘密に指定しようと思えばいつでもできる。そして、もし特定秘密に指定されれば、「特定秘密に指定されました。今後は秘密漏洩罪にならないようご用心ください」と通告するだけである。つまり、この文章があっても強引に特定秘密に指定されれば、何ら抵抗できるわけではないから、本来的には意味がないのである。防衛装備庁としては、そんなことになると応募者に忌避されて「推進制度」をそのまま持続・拡大していけなくなるから、極力避けたいと思ってはいるのだろう。しかし、防衛省首脳部が特定秘密に関する権限を持っているのだから、どう展開するかわからない、せめて希望的にこう書いておこう、というものではないだろうか。

ＰＯの役割について

公開の問題と関係して、あるいは次年度の契約に関してＰＯが受託研究者に対して大きな影響力を持つことは明らかであるし、防衛装備庁から資金提供を受けていることもあって、受託研究者はPOの意向を忖度するようになることも確かだろう。次章で述べる日本学術会議が出した「報告」には、「外部の専門家ではなく、防衛装備庁内部の職員が研究中の進捗管理を行なう懸念があり、政府による研究への介入の度合が大きい」と書かれている。POが研究の進捗に大きな影響を与えることは否定できない。

二〇一六年度の公募説明会で配布された「説明会用資料」の八ページには、「プログラムオフィサーによる進捗管理について」と題してPOの任務がコンパクトに書かれている。防衛装備庁の本来の狙いがここに鮮明に読み取れるから、紹介しておこう。まず、枠で囲んで目立つように書かれているのが、

プログラムオフィサーは、研究課題の進捗状況を把握するとともに、必要に応じて、研究課題採択者に対して助言、指導等を行います。

という文言で、進捗状況の把握と研究者への助言・指導を行なうことをはっきりと宣言している。そして「プログラムオフィサーの業務」として、以下の四点が明示されている。

1　研究課題の進捗管理

・研究課題の進捗確認、研究代表者等との調整、助言、指導等（概ね、数ヶ月に1回程度の訪

問）⇒研究の進捗状況を逐次プログラムディレクターに報告
・研究実施者の成果発表についての調整
・知的財産の管理支援

2　研究計画の策定、研究費の算定に向けた調整（新規採択時、次年度継続時）
・研究契約締結に向け、サイトビジット、計画書確認等を通じ、研究代表者と調整

3　終了評価対応
・研究代表者とともに終了評価用資料の取りまとめを行う

4　研究成果の活用計画立案
・研究課題の実施終了後、終了評価の結果も踏まえ、成果の活用計画を立案

研究の開始から、研究の進捗状況、成果発表、予算管理、終了報告、さらにその後の成果の活用計画まで、実に手取り足取りで調整・助言・指導を行なうことが想定されている。どの研究者も大学院生時代に指導教員による研究指導を受けた経験があるだろうが、それ以上べったりそばに付かれて口出しされそうで、研究者にとってはうっとうしいことこの上ないと思われる。何しろ受託研究者はもはや独立した研究者であって、今さら研究にあれこれ干渉されることを好まないからだ。「概ね、数ヶ月に1回程度の訪問」とあって、装備庁から職員がわざわざ出張してくるのだから、研究者はその時々の対応のために資料やプレゼンなどの準備をしなければならず、その手間だけでも大変である。

他方、この訪問は防衛装備庁にとっては特に重要である。そこで取り交わされる対話によって研究内容・研究計画・成果の公表などについて大きな影響力を及ぼせるからだ。二人だけの対話だから、強要・強制したという証拠は何も残らない。これが防衛装備庁が抱くＰＯ像の最も「あらまほしい」イメージではないかと思われる。

以上のように、研究の進捗管理、契約継続の手続き、研究発表の手続き、研究費の精算という面で、ＰＯが研究現場にずかずかと入り込んで、研究者になにやかや干渉するのではないかと研究者側が不安に思うようになった。密接な連携、進捗管理、調整などという厄介なことが、気楽そうに書かれているからである。しかし、防衛装備品に関する開発過程なのだからオープンにできないはずで、そのためＰＯによる厳しい管理がなされるのではないか、と研究者の誰しもが気にしていた。それを察した防衛装備庁は、二〇一七年度の公募要領の表紙に、「プログラムオフィサーが研究内容に介入することはありません」と書いたのである。

それより先の「制度の趣旨」の最後の部分に、「本制度においても、防衛装備庁の職員が研究の円滑な実施や予算の適正な執行を図る観点から進捗管理を行いますが、研究の内容に介入するためのものではありません」とわざわざ付け足していて、他の省庁の競争的資金と変わりがないことを強調している。ただ、ここではプログラムオフィサー（ＰＯ）という呼称を使わずに「職員」とのみ呼んでいるから、誰のことかぼかしているのかもしれない。

本文の「研究の進め方について」の項目で、

防衛装備庁側の担当者として、プログラムオフィサーが研究の進捗管理を実施しますので、協力をお願いします。なお、研究実施主体はあくまで研究実施者であることを十分に尊重して行うこととしており、プログラムオフィサーが研究内容に介入することはありません。

と、ようやくPOを定義し、研究内容に介入することはないと力説している。しかしながら、「選考・評価体制」の部分では、

研究課題の進捗管理は、本制度の運用を統括するプログラムディレクター（PD、防衛装備庁の職員）の指示の下、プログラムオフィサー（PO、防衛装備庁の職員）が中心となって行います。POは、研究課題ごとに防衛装備庁の職員から適切な者が指名されます。研究実施者は、POと密接な連携を図ることが求められます。

とあって、PD・POいずれも防衛装備庁の職員であることを明示したうえで、研究実施者に対し「密接な連携を図ること」を求め、

POが行う進捗管理は、研究の円滑な実施の観点から、必要に応じ、研究計画や研究内容につい

て調整、助言又は指導を行うものとしています。ただし、指導を行うときは、研究費の不正な使用及び不正な受給並びに研究活動における不正行為を未然に防止する必要があるとＰＤが認めた場合のみとしています。また、研究実施主体はあくまで研究実施者であることを十分尊重して行うこととしており、ＰＯが、研究実施者の意思に反して研究計画を変更させることはありません。

と、前後矛盾した文言が付け加わっている。というのは、最初の部分で「必要に応じ、研究計画や研究内容について調整、助言又は指導を行う」とあるのに対し、「指導を行うときは研究費の不正使用や不正受給、研究活動の不正行為を防ぐ場合のみ」で、「研究実施者の意思に反して研究計画を変更させることはない」とあるからだ。このように矛盾した表現なのでわかりにくいのだが、前者が「本音」であり、本当はそうしたいのだが介入と言われるのを避けるために、後者のような「建て前」としたというわけなのだろう。

もっと深読みすれば、「調整、助言」と「指導」という言葉が使い分けられていることに気づく。ＰＤが不正を未然に防止する必要があると認めた場合に「指導」を行なうのだが、ＰＤは研究実施者とは接触していないのだから、そのような必要を認めるためには日常的につきあっているＰＯの情報がなければならない。ＰＯがその情報を得るためには、研究内容や研究計画をよく知って研究の進捗管理を行なっている必要がある。つまり、ＰＯは研究の内部に入り込んで「調整、助言」することを職務とするから、ＰＯが「研究計画を変更させることはない」が、ＰＤは「指導」という口実で「研究計画を変更させることはある」と読み取れるのである。

また、「研究内容に介入することはない」かもしれないが、「研究内容に助言をする」ことはあり、研究者側が〝自主的に〟研究計画や研究内容を変更することはあり得る。研究資金を提供する装備庁のPOの助言があれば、研究実施者はそれを〝尊重して〟受け入れようとするのは明らかで、これは「研究計画を変更させた」あるいは「研究内容に介入した」ことにはならないのである。

POと研究実施者の接触は、通常二人だけの密室で行なわれるのだから、実際に圧力があったかどうかについては藪の中で、決して明らかにはならない。だからこそ、使われるべき文章は簡潔で誰が読んでもわかる必要がある。ところが、この公募要領の文章を突き詰めると、言葉の曖昧さを利用して自分のペースに引き込もうとしていると思わざるを得ない。

事実、二〇一八年度の公募説明会で配布された「質疑応答集」の「POはどのように進捗管理を行うのか」との質問に対し、

POは研究の円滑な実施の観点から、必要に応じて研究計画や研究内容について調整、助言、又は指導を行う。研究中に生じた課題解決に有益なアイディアを提供することはある。

と回答しており、おそらくこれが本音だろう。前半の部分は何度も繰り返されているが、後半の「研究中に生じた課題解決に有益なアイディアを提供する」は初出であり、この言葉にPOの役割が凝縮

されているのではないか。「プログラムオフィサーが研究内容に介入することはありません」との約束は、どうとでも解釈できる曖昧模糊とした文言に過ぎない。

知的財産の帰属について

装備品の開発に関連する技術的な研究が目的だから、特許権などの知的財産の帰属はどうなるかの問題が起こる場合がある。資金を提供した防衛省か、実際にアイデアを出した研究委託先（研究機関または研究代表者）か、という問題である。これに対して、「知的財産権の帰属等」という項を設けているが、ごく一般的な事項を述べているに過ぎない。つまり、

研究を実施することにより取得した特許権や著作権等の知的財産については、産業技術力強化法（二〇〇〇年法律第44号）第19条（日本版バイ・ドール規定）をふまえた一定の条件を付した上で、受託した研究実施機関に帰属させることができます。その詳細については委託契約事務処理要領で定める契約事項によります。

と「産業技術力強化法」（以下、「強化法」と略す）を見なければわからない。丁寧な説明になっていないのである。もっとも、応募者は「強化法」というちゃんとした法律で保障されているのだから、詳

細はわからなくても大丈夫だと思うのかもしれない。あるいは、応募者は技術開発を日常的に行なっている研究者がほとんどだから、知財の帰属についてはよくご存じなのかもしれない。しかし、ここにも問題がある。

「強化法」第一九条は、「国が委託した研究及び開発の成果等に係る特許権等の取扱い」を規定したもので、

国は、特許権その他の政令で定める権利（以下この条において「特許権等」という）について、次の各号のいずれにも該当する場合には、その特許権等を受託者等から譲りうけないことができる。

とある。何だか回りくどい表現である。基本は「国が委託した研究及び開発の成果等」だから、委託者である国が特許権等を持つことになるのが通常だが、次の条件すべてを満たす場合は「国が譲り受けない」、つまり「受託者が取得する」、というかたちとなっている。国が委託して進めているプロジェクトであっても、その成果である知財に対しては民間の産業技術力を強化するために開発者に譲るとした法律なのである。

満たすべき条件とは、

一　特定研究開発等成果が得られた時は、遅滞なく、国にその旨を報告することを受託者等が約

すること、

二　国が公共の利益のために特に必要としてその理由を明らかにして求める場合には、無償で当該特許権等を利用する権利を国に許諾することを受託者等が約すること、

三　特許等を相当期間活用していないと認められ、かつ、当該特許権等を相当期間活用していないことについて正当な理由が認められない場合において、国が当該特許権等の活用を促進するために特に必要があるとしてその理由を明らかにして求めるときは、当該特許権等を利用する権利を第三者に許諾することを受託者等が約すること、

四　略

である。やはり回りくどい表現でわかりづらいが、受託者があらかじめ約束すべき事柄を明示しており、比較的簡単な手続きとなっている。

「推進制度」では、研究課題が採択された受託研究機関に対して、この「強化法」に基づき「委託契約事務処理要領」（以下、「要領」）の「委託契約書第二五条」で本質的に同じようなことを求めている。この「要領」は、防衛装備庁（甲）と受託研究機関（乙）との間で結ばれる委託契約なのでイメージが持ちやすく、ずっとわかりやすいので再録しておこう。

委託契約書第二五条（知的財産権の帰属）

第二五条　甲は、契約締結日に乙が次の各号のいずれの規定も遵守することを書面で甲に届け出たときは、委託業務の成果に係る知的財産権を乙から譲り受けないものとする。
（1）当該契約に基づく委託契約の実施によって、産業財産権に係る技術上の成果が得られた場合には、遅滞なく、防衛装備庁長官を通じ、防衛大臣にその旨を報告することを乙が約すること。
（2）甲が、自らの用に供するため又はその他特に必要があるとしてその理由を明らかにして求める場合には、無償で当該知的財産権を利用する権利を甲又は甲の指定する者に許諾することを乙が約すること。
（3）当該特許権等を相当期間活用していないことが認められ、かつ、当該知的財産権を相当期間活用していないことについて正当な理由が認められない場合において、甲が特に必要があるとしてその理由を明らかにして求めるときは、当該知的財産権を利用する権利を第三者に許諾することを乙が約すること。
2　甲は、乙が前項で規定する書面を提出しないときは、乙から当該知的財産権を譲り受けるものとする。
3　乙は、第1項の書面を提出したにもかかわらず、第1項各号の規定のいずれかを満たしておらず、さらに満たしていないことについて正当な理由がないと甲が認めるときは、当該知的財産権を無償で甲に譲り渡さなければならない。

「強化法」の「いずれにも該当する場合」がここでは「いずれの規定も遵守することを書面で甲に届け出たとき」とあって表現が具体的であり、また第2項（書面を提出しないとき）と第3項（第1項の(1)～(3)のいずれかを満たしていないとき）の場合には知的財産権は乙に帰属しないことを明示している。これは「強化法」には書かれていないことで、装備庁は知財の厳密な管理を考えているためと推測できる。

上記の第1項の(1)～(3)はほとんど「強化法」と同じなのだが、項目(2)に書かれていることで、重要な問題点が挿入されているので、その点を指摘しておきたい。国が知的財産権を譲る条件についての項目で、強化法の二では「国が公共の利益のため……国に許諾する」と、あるのだが、委託契約書での(2)では「甲が、自らの用に供するため……甲又は甲の指定する者に許諾する」と、書き換えていることである。契約書の形式的な文章ではなく、わかりやすく書けば、

防衛装備庁が、「自らの用に供するため」に、防衛装備庁又は「防衛装備庁が指定する者」に許諾を与える約束をしなければならない。

となる。読み飛ばしてしまいそうだが、重大な仕掛けがなされているのである。

第一点は、「公共の利益」ではなく、「自らの用」でよいということである。「公共の利益」を口実にして、国が民間の領域に介入したり、一方的に決定を押しつけたりすることが多くあり、それも問

題なのだが、強化法ではともかくも「公共の利益」と明示した条件となっている。ところが、防衛装備庁の契約書では、受託研究機関（受託研究者）が望まない使い方であっても、防衛装備庁が「自らの用」だとさえ言えば、知財権の使用許可を無条件に許諾させることができるのである。なんと都合がよい条項であろうか。

もう一点問題なのは、防衛装備庁のみならず「防衛装備庁が指定する者」に対しても許諾を与えなければならないとしていることである。それが軍需産業の場合には、取引に儲けも絡むうえ、防衛装備品開発のために秘密だとして、どのような使い方をされるかわからないことが多いだろう。ところが、彼らから「自らの用」として知財権利用の申し出があった場合には、否応なく許諾しなければならない。ということは、受託研究機関として知財権は持っていても、事実上拒否権がないのである。実際、許諾しないと（各号の規定のいずれかを満たしていないとして）知的財産権を防衛装備庁に譲り渡さねばならなくなる。

再度強調すれば、軍需産業が防衛装備庁から委託されたといって特許権の利用を申し込んできた場合、拒否できない。この条項は気づかれずに見過ごされているのだが、この「推進制度」における知的財産権の帰属について、重大な問題が隠されているのである。安易に知的財産権は受託者のものになると安心してはならない。

研究終了後の関係について

自衛隊に入隊すれば除隊後も協力義務が課せられることから、この「推進制度」で採択された研究者も、研究資金を受けた期間のみではなく、その終了後にも防衛装備庁に何らかの義務を課せられるのではないか、と心配である。一度資金を受けただけなのに、いつまでも防衛省に協力を要請されるような関係になりたくないと思う研究者はいるだろう。

他方、防衛装備庁にとっては、「推進制度」は安全保障研究に理解ある研究者の人脈作りをするための重要な情報であり（だから研究採択者だけでなく応募者の情報も貴重である）、新たな技術開発に対するコンサルタントや別の防衛省のプロジェクトの評価委員などを頼むような関係を結ぶための情報になる。そんな思惑があって、防衛装備庁としては可能な限りつながりを保つことを望んでいると考えるべきだろう。そこで、防衛装備庁が「研究終了後の協力について」打ち出した方針は、

本制度による研究実施者には、研究期間中あるいは終了後に、防衛装備庁が主催するシンポジウム等において、研究成果を発表して頂く場合があります。また、研究期間終了後、得られた研究成果の民生分野等における活用状況について、国の研究開発評価指針に則り追跡調査を行う「フォローアップ調査」等へのご協力をお願いすることがあります。

と、研究実施者に対して「研究成果の発表」と「「フォローアップ調査」等への協力」の二点の要請を行なっている。いずれも「頂く場合があります」「お願いすることがあります」ときわめて低姿勢である。とはいえ、防衛装備庁は「お願い」をすれば断ることはできないはずと考えており、むりやり押しつけるという印象を与えないよう緩い表現をしたに過ぎない。というのは、続く文章で

このような活動は、研究期間終了後に発生するため、要する費用を本制度の直接経費で支出することはできませんが、対応いただくことについては、採択に当たっての条件であることをご理解願います。

と、書いており、装備庁の要請に応じて協力することを当然とし、採択条件であると言明しているからだ。その意味では、研究期間が終了した後も発表や調査などで「防衛省との関係は続くのですよ、その条件を飲んだのですからね」と述べているのに等しい。慇懃に述べていながら、実は恐ろしい約束を迫っているのである。

そうすると、防衛省はこの研究とは関係がないことでも協力を求めてくるのだろうかと、研究者は心配になるかもしれない。そう考えたのだろう、

なお、本制度に採択されて委託研究（委託業務）を行ったことにより、将来、防衛省（又は防衛装備庁）が実施する研究開発事業に参加を強制されることはありません。

という文言が付け加えられている。この制度による委託事業と防衛省の他の事業とは、一応切り離して考えてくださいというつもりなのだろう。ただし、終了後には、

・全研究期間（最大三カ年）終了後、研究課題の成果に関する終了評価を実施します。その際、研究代表者にプレゼンテーションによる成果等の報告をしていただきます。

・防衛装備庁が開催している防衛技術シンポジウム等において、成果等の発表（プレゼンテーション）を依頼することがありますので、研究実施者の方のご協力をお願いします。

・研究終了後、一定期間を経過したものについては、研究成果の活用状況の把握・分析を行うためのフォローアップ調査を行うことがありますので、研究実施者の方のご協力をお願いします。

と、「成果報告」と「協力をお願いする」ことが書かれている。「強制されることはない」けれど、「協力をお願い」されては断りにくいだろう。防衛装備庁としては、せっかく取得した情報なのだから、これを利用する手はないと考えるのは当然である。いったん防衛省とつながりができたら、そう簡単には切ることはできないと覚悟しなければならない。

まとめ

以上、安全保障技術研究推進制度に関する問題点を書いてみた。競争的資金が一つ増えたとだけ考えて、うかうかと乗ると本人が後悔するだけでなく、日本の科学・技術が歪められていくことになると警告したかったのである。防衛装備庁としては、応募者を増やし、大学等の現場にしっかり食い込み、企業とは軍産共同体を形成し、やがて軍産学共同体へと発展させようという思惑があって、制度の内容や説明の仕方に神経を使っている。しかし、注意すべきなのは

・「本音」と「建て前」を使い分け、
・微妙な言葉づかいで、どうとでもとれる表現をし、
・公募内容を何度も改訂して、応募者に阿ねる表現でごまかそうとし、
・複数箇所で似たような表現だが、詳しく読むと意味や前提条件が異なっており、
・知的財産権のように、応募要領では詳しく記さず、委託契約書で初めて問題となる箇所が書かれている、

などで、公募段階で問題点をしっかり押さえておく必要がある。「公募要領ではこう書かれていたのに、現実はこうではなかった」、というようなことが頻出するようになる可能性があるからだ。また、公募要領は毎年のように改訂されているので、年度ごとに異なった公募条件になっていくことを警戒

しなければならない。そして、もし採択されれば、安全保障技術研究推進制度が研究現場にいかなる影響を及ぼしているかを明らかにすることを求めたい。それは、科学者としての義務であると思う。また、時間が経つうちに防衛装備庁・研究者・大学・企業の対応が変わっていくだろうから、以下のような点を経年的にチェックする必要がある。

・公開性、特定秘密、ＰＯとの関係について、どういう変化があるか、
・研究終了後の関係について、どのような結びつきが求められているのか、
・公的研究機関における、研究所独自のプロジェクトと「推進制度」のプロジェクトの関係はどうなっているか、
・特に、タイプＳのような大規模研究課題について、研究の進展状況のチェックやフォローアップ調査がどのように行なわれるのか、
・企業が受託した研究課題が、企業の事業とどう関わっているか、
・軍需産業が請け負った「推進制度」の課題と防衛省予算で実際の装備として推進されているプロジェクトとの関係はどうであるか、軍産複合体へと拡大していく兆候はないか、
・「推進制度」の資金を用いた産学共同において、軍事開発と結びつくような課題が追究されていないか。

以上のような問題点について、研究現場や研究推進体制にいかなる状況が生じているかをチェックすべきであろう。安全保障技術研究推進制度が科学のありようにどのような影響を与え、将来どのよう

な効果として現れてくるかをしっかり把握するためである。軍事研究に携わることで、科学研究の現場がどのように変化していくのかも押さえておく必要があるだろう。

第5章　軍事研究に対する科学者の反応

安全保障技術研究推進制度（以下、「推進制度」）が発足して五年経ち、軍事技術に関係する分野の大学・公的研究機関・企業の科学者が、この制度への応募の可否から国の防衛問題まで広く考える機会となった。その結果として、日本学術会議の声明を始めとして、大学等では「推進制度」への評価を迫られ、応募するか拒否するかについての大学としての方針など、さまざまな議論が続けられてきた。その渦中にあって、科学者個人としても、科学倫理・学問の自由・研究費問題・デュアルユース論・自衛の権利など、多くの関連する問題について考えることが多くなった。

さらに、特に国立大学は、文部科学省から突きつけられる改革への圧力や、財務省が押しつけてくる予算の削減や「評価」に基づく予算配分など、大学の経営に大きな困難を抱えている状態であり、それはまた軍事研究に対する大学の方針にも影響する可能性がある。むろん私立大学も少子高齢化社会を迎えて、生き残り策に必死であり、文科省からの私立大学補助金も減らされる一方である。大学は押しなべて厳しい冬の時代を迎えている。

これらの事情から、大学の軍事研究に対して、まだ最終結論を出していない大学や研究者も多く、今後どのように推移するかわからない。本章では、軍事研究に関する科学者の反応についてまとめる。

日本学術会議の声明

二〇一七年に、日本学術会議として一九六七年以来、五〇年ぶりに科学者の軍事研究への関わりについて声明を出した。防衛装備庁の「安全保障技術研究推進制度」に対する賛否の議論が盛り上がったためである。特に、当時の日本学術会議会長がこの制度を「自衛のための研究だから許容されるべきである」として受け入れる姿勢を示したのに対し、多くの会員は反対の立場から総会等で疑問を呈したこともあって、日本学術会議として「安全保障と学術に関する特別委員会」を設置して議論を尽くすことになった。その結果出されたのが以下の声明で、幹事会決定（第二四三回、二〇一七年三月二十四日）として採択されたものである。

声明文

少し長いが、現在の科学や大学の状況を反映しており、重要であるので全文を引用する。なお、以下の議論の便宜上、各段落に（A）から（E）まで符号を振った。煩瑣な引用を避けるためである。

軍事的安全保障研究に関する声明

（A）日本学術会議が一九四九年に創設され、一九五〇年に「戦争を目的とする科学の研究は絶対にこれを行なわない」旨の声明を、また一九六七年には同じ文言を含む「軍事目的のための科学研究を行なわない声明」を発した背景には、科学者コミュニティの戦争協力への反省と、再び同様の事態が生じることへの懸念があった。近年、再び学術と軍事が接近しつつある中、われわれは、大学等の研究機関における軍事的安全保障研究、すなわち、軍事的な手段による国家の安全保障にかかわる研究が、学問の自由及び学術の健全な発展と緊張関係にあることをここに確認し、上記二つの声明を継承する。

（B）科学者コミュニティが追求すべきは、何よりも学術の健全な発達であり、それを通じて社会からの負託に応えることである。学術研究がとりわけ政治権力によって制約されたり動員されたりすることがあるという歴史的な経験をふまえて、研究の自主性・自律性、そして特に研究成果の公開性が担保されなければならない。しかるに、軍事的安全保障研究では、研究の期間内及び期間後に、研究の方向性や秘密性の保持をめぐって、政府による研究者の活動への介入が強まる懸念がある。

（C）防衛装備庁の「安全保障技術研究推進制度」（二〇一五年発足）では、将来の装備開発につなげるという明確な目的に沿って公募・審査が行われ、外部の専門家でなく同庁内部の職員が研究中の進捗管理を行うなど、政府による研究への介入が著しく、問題が多い。学術の健全な発展という見地から、むしろ必要なのは、科学者の研究の自主性・自律性、研究成果の公開性が尊重される民生分野の研究資金の一層の充実である。

（D）研究成果は、時には科学者の意図を離れて軍事目的に転用され、攻撃的な目的のためにも使用されうるため、まず研究の入り口で研究資金の出所等に関する慎重な判断が求められる。大学等の各研究機関は、施設・情報・知的財産等の管理責任を有し、国内外に開かれた自由な研究・教育環境を維持する責任を負うことから、軍事的安全保障研究と見なされる可能性のある研究について、その適切性を目的、方法、応用の妥当性の観点から技術的・倫理的に審査する制度を設けるべきである。学協会において、それぞれの学術分野の性格に応じて、ガイドライン等を設定することも求められる。

（E）研究の適切性をめぐっては、学術的な蓄積にもとづいて、科学者コミュニティにおいて一定の共通認識が形成される必要があり、個々の科学者はもとより、各研究機関、各分野の学協会、そして科学者コミュニティが社会と共に真摯な議論を続けて行かねばならない。科学者を代表する機関としての日本学術会議は、そうした議論に資する視点と知見を提供すべく、今後も率先して検討を進めていく。

実は、この「声明」に付属して、その背景説明あるいは解説として「報告　軍事的安全保障研究について」が二〇一七年四月十三日の幹事会で決定されており、二つの文章をセットとして読む必要がある。ここでは「声明」を軸にし、随時「報告」を引用しつつ、私の意見を交えて解説する。

二つの声明を「継承」する

「声明」の（A）では、最初に日本学術会議がこれまでに出してきた一九五〇年と一九六七年の二つの声明の背景が述べられている。

その背景の一つの「科学者コミュニティの戦争協力への反省」とは、アジア・太平洋戦争終了まで科学者コミュニティが戦争に動員されたこと、そして政府からの独立性を確保できなかったことへの反省で、学問の自律的発展を放棄して戦争に協力したことを自己批判したのである。

もう一つの背景「再び同様の事態が生じることへの懸念があった」とは、一九五〇年には朝鮮戦争が、一九六七年には米軍からの資金流入が、それぞれ戦前と「同様の事態」を招きかねない「懸念」として捉えられたのである。だから何より、科学者コミュニティが追求すべきなのは学問の自由と学術の健全な発展であり、それを通して社会からの負託に応えることである。それには「政府からの独立性を確立する」ことこそが必須の条件というわけだ。

ところが、二つの過去の例と状況は異なっているが、近年、「再び学術と軍事が接近しつつある」との現状認識がある。それは端的には防衛装備庁が創設した「安全保障技術研究推進制度」のことであり、学術を軍事研究に動員する動きである。ここで「軍事的安全保障研究」という耳慣れない言葉が出てくる。すぐ後で「軍事的な手段による国家の安全保障にかかわる研究」と定義しているが、端的に言えば「軍事研究」のことである。軍事研究という言葉には戦争目的の研究というニュアンスが強く感じられるとして反発する人もいるから、「軍事的安全保障研究」なる言葉が編み出されたのである。

実は、「安全保障」という概念は、人により、あるいは分野によってイメージや意味が異なっていて単純ではないのだが、国家という組織の安全保障と個々の人間の安全保障（個人の安全と安心の確保）に区分される。さらに、国家組織の安全保障は、政治や外交的な手段を通しての安全保障と軍事的な手段による安全保障に分けられる。学術の健全な発展に大きな影響を与える可能性があるのは軍事的な手段による安全保障分野であり、これを「軍事的安全保障研究」と呼ぶことにしたのだ。防衛装備庁の「推進制度」による防衛装備技術の開発研究もこれに含まれる。というわけで「軍事的安全保障研究」という標題が「声明」「報告」のいずれにも付いたのだが、これらを読めば「軍事研究そのもの」のことであることは明白である。実際に「何が軍事的安全保障研究（つまり軍事研究）であるか」については、民生研究との違いを明らかにする（D）の部分で述べられる。

そして、この「軍事的安全保障研究」が「学問の自由及び学術の健全な発展と緊張関係にある」ことは明らかであり、過去と似た状況が生まれているという現状認識があって、「（過去の）二つの声明を継承する」と宣言している。「堅持する」という現状維持の意味を持つ言葉を使わず、「継承する」としたのは、過去の決意を受け継ぎ、さらに発展させるとの意気込みを込めたものと考えられる。

ここでいう「現状認識」とは、二〇一五年に創設された防衛装備庁の「安全保障技術研究推進制度」が契機となって、これまで軍事的安全保障研究にほとんど携わってこなかった大学等の研究機関において、軍事研究が拡大・浸透する状況が生じているという認識である。大学等の研究機関は、政府機関や企業とは異なって、学問の自由を基礎としており、かつ自由な研究環境や教育環境を維持することに責任を負っていることを考えれば、特に意識して軍事研究との関わりについて慎重でなければならないと主張する。

長くなったが、ここまでが（A）で言わんとしたことで、学術への政府からの介入が強まり独立性が脅かされるとの強い危機感が背景にある。

学術の健全な発展の三要素

次の（B）では、科学者コミュニティがまず追求すべきなのは学術の健全な発展なのだが、政治権力に制約されたり、動員されたりしてきたという歴史的な経験をしっかり押さえる必要があると強調する。そして、学術研究においては科学者の自主性・自律性、そして研究成果の公開性が保証されねばならない。それが学術研究の自由を成り立たせている必要条件であるとする。その必要条件を満たすためには、研究の適切性に対して科学者コミュニティが規範を定めて自己規律を行なうことが肝要で、これは個々の研究者の学問の自由を侵すものではない。個人がそれぞれ勝手に研究を行なうのが学問の自由ではない。人権・平和・福祉・環境などの普遍的価値から研究の適切性を論じ合う中で、各個人が自己規律のもとでその価値の実現を図ることこそが学問の自由の本質であり、科学者コミュニティの責務でもある。相互批判・相互評価と自己規律・自己研鑽の双方の働きを通じて、科学者コミュニティの成員が互いに高め合うような関係にあることが理想、と述べている。科学者コミュニティの規範と研究の自由との関係を明確に論じており、傾聴に値する。

ところで、政府の各部門が行なう研究助成や研究委託は重要なのだが、それらが全体として学術研究のバランスを歪めていないかのチェックが必要である。事実、軍事的安全保障研究の分野では、当然ながらその研究の必然性から、研究期間内や期間後に、研究の方向性（目的や適用範囲）や秘密性の保持（軍事上の秘密）をめぐって政府による研究者の活動への介入が強まることが予想される。それは、学術の健全な発展のための研究の自主性・自律性・成果の公開性に対する重大な挑戦であり、簡単に譲り渡してはならない。この点をしっかり踏まえなければならないと強調している。

「推進制度」への批判

ここまでは一般論なのだが、今、具体的な問題となっているのは防衛装備庁の「安全保障技術研究推進制度」であり、（C）においてそれへの批判を開陳する。

この制度は装備庁が始めた委託研究制度の一種で、装備庁が委託者、科学者は受託者となる。一般に委託・受託関係では、委託者が資金を提供し、研究の範囲を決める権限を持ち、受託者は研究資金と引き換えに、委託された業務の結果を期日までに提出することが求められる。つまり、そもそも委託・受託関係は双方が対等ではなく非対称があり、委託者が強い立場であるという事実を押さえておかねばならない。そのことは産学共同の委託・受託関係とも同じなのだが、結果として委託者（政府、企業）が受託者（大学等の科学者）の研究活動に介入することを当然とする可能性があるという点である。研究の自由が保障されなくなるのだ。

防衛装備庁が始めた「安全保障技術研究推進制度」も委託・受託制度だから、資金を提供する防衛装備庁が研究者の活動に介入する余地がある。それだけでなく、防衛装備庁は将来の装備開発につなげるという明確な目的によって公募・審査を行なっていることや、外部の専門家ではなく装備庁内部の職員がプログラムディレクター（ＰＤ）・プログラムオフィサー（ＰＯ）として研究の進捗管理を行なうことが明記されており、研究への干渉・介入の度合いが大きくなると考えられる。

特に、装備開発には秘密を要する部分も大きいから、いっそう管理が厳しくなると予想される。防衛装備庁の委託研究制度には、必然的にそのような深刻な問題点が内在していることを忘れてはならない。

だから、これに続いて「それゆえに防衛装備庁のこの制度に、大学および大学等の科学者は応募すべきではない」と明確に断じるのが論理的なのだが、ここではそれ以上述べていない。そのため、「日本学術会議は軍事研究に対して明確に反対していない」、したがって「防衛装備庁の制度に応募することを認めた」と受け取っている人も多い。「なぜ、もっと強い言葉で制度を否定しなかったのか」と、日本学術会議が弱腰だとなじる意見もあった。日本学術会議は、なぜそのような意見表明をしなかったのであろうか？

これに対し日本学術会議は、防衛装備庁の制度を具体的に名指ししながら、「政府による研究への介入が著しく、問題が多い」とのみ述べるのにとどめている。そして、すぐに続けて「学術の健全な発展という見地から、科学者の研究の自主性・自律性、研究成果の公開性が尊重される民生分野の研究資金の一層の充実」を強調している。しかし、ここでは「軍事的安全保障研究分野の研究資金では、科学者の研究の自主性・自律性、研究成果の公開性が担保されないことは明白で、学術の健全な発展はあり得ない」というような文言をしっかり書いた後に、民生分野の研究資金の充実へとつなげるべきであったと思う。つまり、軍事的安全保障研究分野と民生研究分野とを明確に峻別し、前者は危険であるから手を出すべきではなく、後者に重点をおいた研究を推進するのが筋、というメッセージだと先に述べたような意見はなく、すっきり受け取られたのではないかと思う。

軍事研究の定義とデュアルユース

続く（D）の部分は、軍事研究について考えるべき要素が列挙されていて、この声明の急所に当たる部分である。最初に念を押しているのは民生的研究と軍事的安全保障研究との区別の問題である。その点については、「報告」において軍事的安全保障研究と定義される研究の範疇として、

（ア）軍事利用を直接に研究目的とする研究、
（イ）研究資金の出所が軍事関連機関である研究、

（ウ）研究成果が軍事的に利用される可能性がある研究、

の三つを掲げている。といっても、（ウ）のカテゴリーは範囲が広く、どこまでを含むか判断が難しいので慎重な対応が求められると注釈付きである。また、（ウ）の拡大版として

（エ）基礎研究であれば一律に軍事研究には当たらないわけではなく、軍事利用につなげることを目的とする基礎研究、

も、軍事的安全保障研究の一環とみなすべきとしている。防衛装備庁の「安全保障技術研究推進制度」は基礎研究であることを強調して、軍事的安全保障研究ではないとの印象を与えようとしているが、（エ）の条項を適用すればそうでないことが簡単にわかる。

上記の（ア）〜（エ）はすっきりした定義であり、軍事研究と民生研究を区分けするのに明確な指標となる。むろん、二つに区分けしたとしても、互いに転用することは可能である。「報告」では、デュアルユースとは「民生的研究と軍事研究とを区別した上で、両者の間の転用に注目する考え」と定義し、スピンオフ（軍事研究から民生研究への転用）とスピンオン（民生研究から軍事研究への転用）について語っている。

ここで注意すべきことは、有用な発明品が軍事利用から転用されて民生利用されるようになったこ

とから、スピンオフがいかにも役に立つと喧伝して、軍事開発費を増やす理由となっていることである。最初から民生分野の研究が可能であるのに軍事予算で行なわれてきただけであることも多い。単純にスピンオフの効用を受け入れてはならない。

逆に、ＤＡＲＰＡ（国防高等研究計画局）の研究援助や防衛装備庁の「推進制度」では、民生でなされている研究を、軍事的活用が可能だとして金の力でスピンオンさせている。それによって民生研究がやせ細って軍事研究ばかりとなってしまう可能性がある。学術研究にとって最も重要なのは、民生研究が基礎から応用までバランスのとれたかたちで進められることなのだが、スピンオンがそれを妨げる可能性があってやはり問題である。

科学者が軍事研究に手を染める理由の一番多い意見は「デュアルユースであるから」というもので、軍事利用への罪の意識を癒そうとしている。しかし、デュアルユースを隠れ蓑にして軍事研究に手を出していくと、やがて手が切れなくなってしまうだろう。

（Ｄ）の冒頭で、「研究成果は、時には科学者の意図を離れて軍事目的に転用され、攻撃的な目的のためにも使用されうる」と述べているのは、まさに技術のデュアルユースの危険性を物語っている。たとえ「民生目的の研究のつもり」であっても軍事目的に転用され、「防御目的のつもり」であっても攻撃目的に使用される危険性を熟知しておかねばならない。「そんなつもりではなかった」という言いわけは通用しないのである。実際問題として、科学者が自らの研究がどのような目的に使われるか、つまりどのような「出口」（研究成果の利用）が待っているかは全面的に管理できないのだから、まずは研究の「入り口」で（研究の開始前に）軍事目的につながる可能性があるかどうかを見極めることが肝要になる。その最も有効な方法が、研究資金の応募や委託研究の受託の前に、先に述べた軍事的安全保障研究であるかどうかについての（ア）〜（エ）の四つの条項に照らして判断することであろう。どれか一つでも条項を満たしていたら、引き受けるべきではない。

ここで述べている重要な点は、それを個人の恣意的な判断に任せず、大学等の各研究機関で審査する制度を作るよう勧告していることである。というのは、大学には曲がりなりにも大学の自治が保障されていて、施設・情報・知的財産のみならず、職員の人事、院生や学生の教育や入学・退学・卒業、教員の人事や研究や社会貢献など、大学の業務に関連するあらゆる管理責任を有している。つまり、大学は国内外に開かれた研究・教育環境を維持する責任を負っており、軍事的安全保障研究に関わる研究についても管理・監督する責務がある。そこで、大学で行なわれる研究が人権・平和・福祉・環境などの普遍的価値に照らして適切であるかどうかを、その研究の目的、方法、応用の妥当性の観点から、技術的・倫理的に審査すべきというわけである。

わざわざ「審査する制度」と述べているのは、軍事研究に対する倫理基準を大学の構成員が集団として検討し、判断結果を共有すべきことを求めており、その選択がもたらす結果について、大学として市民に対する説明責任があるからだ。それはまた、学問の自由や大学の自治が保障されている大学が果たすべき義務とも言えるだろう。

他方、科学者はそれぞれ専門分野の学協会に属し、そこで研究発表を行なうのが普通である。大学が科学者を縦につなぐ個別研究組織なら、学協会は科学者を学術分野ごとに横につなぐ組織であり、そこにも学術を担う科学者としての責任が生じてくる。したがって、学協会ごとに軍事研究に関わって生じる問題を、その技術的・倫理的な観点から学術分野の性格に応じたガイドライン等を設定することを求めている。これも科学者の責務、そして科学者コミュニティの自己規律なのである。先の（B）に述べたように、科学者個人の自己規律と自己研鑽、科学者集団（コミュニティ）としての相互評価と相互批判の双方が揃ってこその大学の自治と言える。

科学者コミュニティの自己規律

最後の（E）では、以上に述べた大学や学協会など科学者コミュニティが持つべき自己規律に対しての注意事項である。

科学者コミュニティとしてまず議論し合意を得ておくべき問題は、いかなる研究が適切であるかであり、学術的な議論の蓄積に基づいて、科学者コミュニティとして共通認識を形成しておく必要がある。これは、大学や学協会に属する誰もが合意し共有し合うことを約束した倫理規範であり、科学者が集団として行動するうえでの基本原理のようなものとなるべきだろう。それがないと、大学あるいは学協会としての公式見解を出すことができなくなる。たとえ大学の学長や学協会の会長（や理事長）が個人として見解を出せても迫力がなく、恣意的で一方的な意見に過ぎないと批判されるだけだろう。そのような意味で、科学者コミュニティが集団としての意志を確認しあうことが重要なのである。

過去の歴史において、原子力分野においては「自主・民主・公開」の原則が日本学術会議から打ち出されて原子力基本法に活かされ、宇宙開発については宇宙開発事業団法において「平和目的に限る」条項が書き込まれた。生命科学分野では遺伝子操作実験のモラトリアム（一時停止）が研究者集団として合意されたアシュロマ会議の規制指針が承認され、遺伝子組み換えに関してはカルタヘナ議定書で予防措置原則が批准された。日本物理学会は、米軍資金問題が社会的な問題となったとき、臨時総会を開催して「軍事関係組織とは一切関係を持たない」という決議を採択した、というふうに科学者コミュニティの自己規律を示した経験は多くある。それなりに蓄積がなされてきた。

とはいえ、原発事業は当初から民間企業が中心となって進められたことから原子力三原則は守られず、ついに二〇一三年に原子力基本法に「安全保障に資する」という条項が付け加えられた。宇宙開発においても、二〇〇八年の宇宙基本法でやはり「安全保障に資する」条項が書き込まれ、二〇一二年にはＪＡＸＡ法（宇宙開発事業団法の後継法）の「平和目的に限る」条項は削除されてしまった。分子生物学分野の遺伝子操作には危険性がないとの判断が強くなり、ゲノム編集のような問題点をはらんだ遺伝子改変技術が強力に推進され、生物兵器作成の危険性が囁かれている。日本物理学会は一九九五年に決議を変更して「明白な軍事研究以外は許容される」と軍事的安全保障研究に携わる可能性も認めることになった。過去の蓄積は、ことごとく覆されてきたのである。その意味では、科学者コミュニティの自己規律について反省し、立て直すことが求められている。

以上のように、軍事研究への抑制についても、科学者コミュニティが打ち立て目指してきた自己規律の方針が変更され、「安全保障」という言葉のトリックによって軍事研究への参画が拓かれつつあるのが現状である。その意味で、再度研究の適切性について、科学者が検討を加え、大学等の研究機関として集団的な議論を行ない、さらには科学者コミュニティが社会と対話し相互批判し合う関係を築き直す必要がある。そのためには、そのような議論をする視点や知見を日本学術会議が提供し、率先して検討を続けていく役割を担うことが求められている。曲がりなりにも日本学術会議は科学者を代表する日本における唯一の機関なのである。

以上長くなったが、「声明」の（A）〜（E）の段落で述べられ「報告」で付け加えられた議論に、科学者や大学の現状や政治の動きを付け加え、さらに私自身の考え方を補ってみた。重要な内容を含んでいるので、かなり詳細にまで立ち入って論じることになった。

さらに「報告」のみで問題提起された部分がある。それについてコメントを加えておこう。

「報告」の論点——研究の公開性について

その一つは「研究の公開性」と題された項目で、防衛装備庁の「推進制度」の公募において強い疑問が持たれた点である。科学者は、研究成果の迅速でスムースな公開を何よりも強く望んでいる。そのため結果が得られると、急いで論文にまとめ、できればその分野で評判の高い雑誌に投稿する。自然科学分野の業績は世界初であることが最も大事で、世界第二位以下になってしまえば評価が格段に落ちるからだ。また専門分野の科学者なら誰もがまず最初に手にする雑誌に論文が掲載されれば、研究内容や著者に対する注目度や知名度が非常に高くなる。有名になりたいという俗っぽい欲望（もあるが）より、研究結果そのものが脚光を浴びることに科学者は大きな喜びを見出すものである。

言い換えれば、成果の公開に何であれ制限を受けることを非常に嫌う。成果の公開が制限されれば、科学者として自分が認知されるチャンスはなくなるためである。だから、「報告」にあるように、「学術の健全な発展にとっては、科学者の研究成果が広く公開され、科学者コミュニティ（専門の科学者集団）に共有され、相互に参照されることがきわめて重要なのである」ことは言うまでもない。但し、ここで「広く」公開だけでは不十分で、「速く」と「自由に」を付け足して、「速く、広く、自由に」公開するというのが科学者の本源的要求である。

とはいえ、研究資金の出所との関係（委託・受託関係）において、成果の公開に制限が加わる場合がある。産学共同では、せっかく成果を出しても、特許が取れない間は正式の論文を出せないことが普通である。委託者の権利を確保するためである。もっとも研究者仲間の特許が使いづらくならないよう配慮して、先行して特許を取る場合はある。企業が先に特許を押さえると（高い特許権使用料等で）研究に自由に使えなくなるのを恐れてのことである。

いずれにしろ、今や特許は研究成果を先に得たことの証拠となっており、しかる後に論文で研究の詳細が公開されるということが通例になっている（むろん、特許は取ったが論文は発表されないままという「成果」も増えた）。だから産学共同の場合、研究成果を「速く、広く、自由に」公開する状況ではなくなっており、科学者は研究費との引き換えで先取権が確保できる特許取得までは辛抱し、「遅く、不自由な」公開であっても許容しているのである。

軍事的安全保障研究（軍事研究）の場合は、いろんなかたちで軍事技術と直結するのだから、公開問題はいっそうシビアになる。そもそも軍事技術は秘密でなければ意味がない。中身が知られると、その技術はすぐに陳腐化して「技術的優越」の状態を維持できないからだ。だから、軍事的安全保障研究については、研究の過程でも研究後の成果に関しても、秘密性の保持が高度に要求されがちであり、軍事研究が盛んに行なわれているアメリカ等の研究状況に照らして「自由な研究環境の維持について懸念がある」、と「報告」は述べている。実際アメリカの大学では、防衛省と契約して軍事研究を行なっている部局（研究所）は治外法権で、学長といえども立ち入ることができず、秘密保持のためのさまざまな関門が設けられていて、もはや自由な研究環境ではない。このような事態になれば、大学の自治は踏みにじられてしまうことは明らかだろう。

「報告」の論点——研究資金のあり方について

科学者にとって研究資金は死活問題である。特に国立大学では基盤的経費（運営費交付金）が削減され、基礎研究分野を中心に研究費不足が深刻になっている。「研究者版経済的徴兵制」と呼ばれているように、研究を続行するためには経済的理由（研究費不足）から、軍事研究にでも手を出そうかと考える科学者が多くいる。また、この「推進制度」で研究資金が増加したことを歓迎する科学者も存在することは事実であろう。

一般に、軍事関係の予算は経済的合理性による制約は受けにくく、軍事的脅威を騒ぎ立てると軍事関係費が増大し、軍事研究の予算も拡大していく。その結果として他の学術研究予算の財政が圧迫され、基礎科学のための予算が削られ、いっそう研究者版経済的徴兵制へと追い立てられることになってしまう。これに対して、「報告」で「学術の健全な発展のためには、科学者の研究の自主性・自律性、研究成果の公開性が尊重される民主的な研究資金を充実させていくことが必要」と述べているように、あくまで文科省などの学術予算の充実を求めつづけなければならない。といって、それでただちに学術予算が増えるわけではなく、むしろその要求は捨て置かれて減少する状態が続いているので、大学の人間は疲労感ばかりを持っているのが実情だろう。

というのは、現在の日本の科学技術政策は学問の論理と逆行しているからである。基盤的運営費交付金が削減されているのは、企業経営で行なわれているのと同じ「選択と集中」に由来する政策で、経済政策に合致する分野を選択して、そこに研究資金を集中するという方針がもう二〇年近く続いている。運営費交付金として経常的に配分していた研究経費を削減し、それを大学間の競争的資金として課題・目的・期間を定めて募集し、審査して採択課題を決定する方式としているのである。採択分野や課題も「選択と集中」とし、文科省が恣意的に決めた重点目標が選ばれ、五年ごとくらいでくるくる変わっている。

このような状況が強まる中で、頼みの競争的資金で採択されないため、やむなく防衛省予算に群がるしかないから、まさに研究者版「経済的徴兵制」そのものである。それは取りも直さず、日本の科学の軍国主義化が進むとともに、日本の基礎的な科学研究がさらに国際的におくれを取ることにつながっていくだろうことは明らかである。すでに現在においても、日本の研究力が科学先進国から脱落する兆候がはっきり出ているのだから。

これに対し、この制度に賛成、あるいは自分としては受け入れるという意見には実に多様なものがあり、それぞれについて科学の現状や研究現場としての大学の状況が反映している。以下で、「推進制度」を受け入れるべきという研究者の多様な意見を分析し、その各々に対しての反論、あるいは異なった立場からの考え方を提示することにしよう。

科学者の許容論（1）――「デュアルユースである」

デュアルユース論による言いわけ

まず最もナイーブな意見は、研究現場では民生用・軍事用の区別はつかないのだから、軍事に使われる可能性があるからと言ってあらかじめ禁止する（開発を止める）ことはできない、というものである。ナイフはリンゴの皮を剝くのに便利な道具だが、使いようによっては人を殺すのにも使える。だからといって、ナイフを作ることを咎めることはできない。研究者は設計・製作をするのみで、実際にどのように使うか（使ったか）は使用者に責任があり、研究者の預かり知らないことである、とする。デュアルユースのどちらの面で使われるかについて研究者は責任がないのだから、責任を問われるのは筋違いというわけだ。

このような意見に対して、研究者としては軍事のために使ってほしくはないこと、そのために可能なこと（意見を公表する、特許使用の制限を加えるなど）を行なうというような社会的責任を全うすることを考えるべきではないかと言いたい。

第2章の「科学者の常套句」で述べたが、「私作る人、軍は使う人」として、自分は作った人間だから責任はない、「将来民生利用に転用すれば国民生活の役に立つ」のだから、軍事利用から始まってもかまわない、軍事技術ではあっても回り回って民生技術の底上げにつながるのだからいいというふうに、さまざまな言いわけがある。民生に転用できる「よい軍事研究」があり、自分は民生利用を待望しているのだから悪くない、という気持ちが込められている。民生利用が望ましいのは理解するが、軍事利用でしか研究資金が出ないのだから仕方がないという言いわけもある。結局、研究資金が欲しいのが先で、民生利用は逃げ口上であり、無責任な空約束なのである。自分の行動を客観的に見て、厳しく自分を問い直すことが求められている。

デュアルユース論のバリエーション

表現は少し違うが、根底ではデュアルユースを支持する論がいくつかある。

その一つが、最先端技術の応用先の一つが軍事であり、技術を洗練させるには軍事利用をするに越したことはない、というものである。軍事用品には民生品を越える精度が求められるから、高度な技術と高級な材料が使われ、必然的に技術力を高めることになる。このことから、技術至上主義者は軍事開発によって技術を高め、然る後に民生品にその技術を敷衍していけばよいと考える。

また第一線の技術者として、軍事技術は民生研究では期待できない新たな技術開発であり、チャレンジングであるから不可欠であるという意見もある。極端に言えば、民生技術は採算性や安全性を第一に考えるが、軍事技術は採算を気にせず効率性のみを追究する。技術屋の天国であるというわけだ。この考えは、技術を高度にすることがまず第一の目的であって、誰のため何のための技術であるかについての省察がない。果たして、そのような技術一辺倒の行き方でよいのだろうか。

あるいは、技術開発の初期投資を軍が持つのは必要であるという論もある。軍は資金が豊富なのだから、初期の技術開発段階は軍が背負い、成果が出れば民生品の生産に活用すればよいというものだ。しかし、軍が技術開発に成功すれば軍が独占し、秘密にしてしまうだろうから、そんな虫のいいことができるとは思えない。そこで、「推進制度」に企業が応募して軍から資金を引き出し、軍と協力する形で技術開発を進め、先の知財の帰属方式によって特許権は企業が獲得すればよい、という高等戦術が考えられる。企業は民生品だとして、特許権を獲得すればいいというわけだ。実際、多くの企業が「推進制度」に応募しているのは、そのような魂胆があるためかもしれない。しかし、防衛省はそれすら企業を取り込む作戦に使い、結局、企業は軍産複合体の道を歩むことになっていくのではないか。装備庁は知財権の帰属に関する条項を使い、企業をけしかけるだろうからだ。企業が絡むと問題はどんどん複雑になっていくので、単純な解は得られそうにない。

第2章で述べた、最初は軍事用品の製作であっても将来民生に応用すれば国民生活にプラスになるとか、結局は民生技術の底上げにつながるとの論も、デュアルユース論を下敷きにしたものである。いずれも、デュアルユースという言葉を使って一つの技術が二通りに使えることだと思わせ、いかにも得したような気にさせて軍事用と民生用の区別を曖昧にするテクニックと言うべきだろう。実際の使い方では天と地ほどの違いがあるにもかかわらず、簡単に乗り移れるように錯覚させて金が出る軍事開発に誘い込もうとしていると考えてよいだろう。

科学者の許容論（2）――「学問の自由がある」

学問・研究の自由は戦後になって、強く主張されるようになった概念である。戦前・戦中においては「国家の要請」によって学問・研究に国家が介入することは当然とされ、個人の学問・研究の自由は完全に論外であった。戦争が終わって、科学者が戦争に協力させられてきた一因には学問・研究の自由がなかったためでもあるとして、個人レベルだけではなく、集団レベルで大学としての学問・研究の自由（大学自治）を確保することが不可欠と考えられるようになった。日本国憲法第二十三条にある「学問の自由は、これを保障する」の文言も、そのような考えのもとで挿入されたのである。

日本国憲法第十二条

しかし、憲法をよく読むと「学問の自由」を主張する前に、じっくり嚙みしめなければならない条文があることがわかる。というのは、日本国憲法第三章「国民の権利及び義務」において、まず基本的人権を保障し、続いて自由の権利として、思想及び良心の自由（第十九条）、信教の自由（第二十条）、表現の自由（第二十一条）、居住・移転・職業選択の自由（第二十二条）、そして学問の自由（第二十三条）が掲げられているのだが、その前の第十二条に国民に対して重要な要請が書かれているからだ。そこには、

第十二条　この憲法が国民に保障する自由及び権利は、国民の不断の努力によって、これを保持しなければならない。又、国民は、これを濫用してはならないのであって、常に公共の福祉のためにこれを利用する責任を負う。

とある。つまり、「自由」の権利は、天賦とか神授とかのような無条件に成立する特別な権利ではなく、国民の努力・節度・責任のもとで保障されるのである。

この条文を言い換えると、

第十二条　憲法が保障する「自由」は

・不断の努力によって保持すべきこと、
・濫用してはならない（つまり、野放図な「自由」はない）こと、
・「自由」を公共の福祉のために利用する責任を負うこと、

となる。学問・研究の自由も無条件に保障されるものではなく、その権利を行使する人間が守るべき自己規律があり、それが満たされてはじめて学問・研究の自由を維持できるというわけだ。この点をじっくり考えてみる必要があるのではないだろうか。

「学問の自由」の要件

科学者は、自らの研究に対して何らかの制限や干渉が加えられることを非常に嫌う。研究している自分は完全に自由であり、誰も自分を律することができず、したがって自分の思い通りに研究が進められると思っているためである。その論拠が憲法で保障されている「学問の自由」であり、それは誰もが尊重しなければならないと思っている。その考え方は、学問の自由を阻害しようとするのが権力者（や有力者やスポンサーや権威ある者）のような、外部の大きな力を持つ人間からの圧力に抗するためであるなら大いに賞賛されるべきである。学問の自由を保持する重要な要件は、学問研究に権力者の介入がないということであるからだ。

それとともに、研究の適切性の観点から、科学者コミュニティの構成員が守るべき規範について合意して禁止項目を定め、互いにそれを尊重して自己規律を求めることも、学問・研究の自由にとって

不可欠の要件である。社会の中では無制限の自由が許容されているわけではない。事実、人を殺さない、ヘイトスピーチを行なわない、相手の人権を無視しないなど、倫理的・法律的な制約を受けており、それを私たちは不自由だとは思っていない。社会生活の中で守るべき当然の倫理だと思って受け入れており、自由を濫用すべきでないこともよく知っている。科学者コミュニティにおける学問・研究の自由の範囲についての共通認識として、倫理的制約（規範）を受け入れるのは「学問の自由」を守る要件なのである。

つまり、「軍事研究を行なわない」との倫理的制約は、軍事研究を行なうことから生じてくる「研究の自由に対する危険性」から研究者を守るための規範と言うべきなのである。実際、軍事研究を行なうことによって、軍事研究でなければ研究費が出なくなるかもしれないとか、研究に関する干渉が当たり前になるかもしれない等、研究の自由が阻害される事態がもたらされる懸念もある。軍事研究によって研究費にありつく個人の利益と研究者コミュニティが失う研究の自由に関わる損失をどう考えるかの問題でもある。個人の自由の制限として「公共の福祉」が要件として置かれるのは、このような考慮があるためとも考えられる。

科学者が、「学問の自由」を成り立たせているための要件を一切考えず、安易に「学問の自由」があると主張して軍事研究に手を出していくような行動は、かえって「学問の自由を危機に陥れる」ことになると言いたい。というのは、日本学術会議の声明にあったように、「推進制度」に便乗していくことは学問研究に政府の介入を招く可能性が高く、それは学問の自由を損ねることになるからだ。

無責任な「学問の自由」論

ところが、学問・研究の自由を盾に軍事研究を推進すべきことを主張するメディアがあり、いかにも自由の旗手であるかのように言い立てている。彼らの狙いは、研究者が何の後ろめたさもなく軍事研究に勤しむ状況を作ることであって、学問・研究の自由一般を擁護しているわけではない。彼らは、たとえば経常研究費が大幅に削られ、大学教員が自分の興味や好奇心に基づいて自由に研究を行なう条件が失われている現状の深刻さについては何も言わないからである。研究費がカットされることによって研究の自由度が失われていることは見過ごし、(研究費がないなら)防衛装備庁が提示するテーマに沿う研究を行なえと言っているのと同然なのだ。

防衛装備庁の「推進制度」に応募することを承認した大学は、こぞって「学問の自由があり、研究者の自主的な応募なのだから尊重した」と言っている。しかし、これは大学として研究者の学問・研究の自由を満たすための努力を放棄している者の言であって、大学も研究者とともに学術機関からの研究費を増やすための活動にもっと励むべきなのである。というのは、防衛装備庁の資金ではなく、文科省からの資金で研究したいというのが研究者の本当の願いであるからだ。何の制限もなく自由に研究に打ち込める学術機関からの研究資金こそが学問・研究の自由を保障するのであり、大学はその充実を研究者のみの努力に任せてしまってはいけないのである。

科学者の許容論（3）――「じっくり研究に打ち込みたいのだが……」

現在の学術行政に大きな影響を与えているのが、予算の配分を通じて大学経営にも口を出している財務省である。特に、大学の経営を企業経営と同じように見做して、研究分野に「選択と集中」を持ち込み、投資額に見合う成果を強く大学に求めている。大学における研究と教育という営みは企業経営とは根本的に異なっており、教育の成果は長い時間で判断すべきこと、大学の研究・教育には論文数のような目に見える成果だけでは測れない要素が多くあること、投じた資金と結果が比例するわけではないこと、などについて財務省の官僚は理解していないようである。事実、投入した資金に比例して大学は活性化すると思い込み、目に見える成果を欲しがり、競争を煽れば成果が挙がる、というふうに大学を単純系だと思っている。大学の研究・教育はさまざまな要素が作用し合う非線形の複雑系であるという発想に欠けている。その結果として大学そのものも「選択と集中」の対象とし、少子化を理由にして選択した大学以外を淘汰させていく方針のようである。このままの状態を続けると、確実に日本は科学・技術において二流国になってしまうだろう。

科学者が置かれている状況

科学者の研究費不足は、このような財務省の財政支配に文科省が引き摺られ、文科省から大学に矛盾が押しつけられているために生じているのは確かである。その結果として、多数の有能な科学者が研究費不足のために仕事に集中できない状態に追いやられているのだが、現在の科学者が置かれている状況そのものが原因で、不安な気持ちを抱く科学者が多いことも述べておかねばならない。

その不安感の第一原因は、研究の場に競争原理と企業論理が入り込んでくることによって、研究者は常に追い落とされないかという気分に追い立てられていることである。大学から措置される経常研究費によって研究を進めることは事実上不可能で、何らかの競争的資金を獲得しなければ研究の続行がおぼつかないという圧力を常に受けている。だから、研究費をどう調達するかがいつも頭を離れず、応募できる募集があれば何でも応募しようと書類書きに多くの時間を割くことになる。競争的資金を常に追っかけねばならず、研究内容に関わる競争を行なう以前の段階で、研究が継続できないかもしれないという不安を抱えているのである。

実学分野（工学、農学、医学、薬学など）では、自分の研究に興味を持つ企業があれば産学共同による委託研究で研究資金を得ることが可能で、それによってひと息つくことはできる。しかし、産学共同で研究するテーマや到達目標には委託者の意向を尊重しなければならず、完全に自分の思い通りには進められない。さらに産学共同では（公募の競争的資金も）契約に期限があり、その期限までに成果を出さねばならない。また自分として満足できないから締め切りを延ばしてほしいと言うわけにはいかない。期限までには必ず結果を出すという約束で産学共同を始めたのだから、それを一方的に破ることができないためだ。むろん、失敗の報告は出せない。それを出すと、すぐに契約が打ち切られるし、最悪の場合は損害賠償を迫られるかもしれない。企業との約束を守って目標通りに研究に決着がつけられるかどうか、不安を抱えて進めることになる。期限までに委託者が満足する結果を確実に出さねばならない産学共同は、研究者への強い心理的圧迫ともなっているのである。

その不安をとりあえず解消するには、それなりの結果が確実に得られることがわかっている研究目標にすればよい。高いレベルの結果を目指すと、何もかもぶち壊しになる危険性があるから、安全路線で進むのである。ということは、研究者は自分が安直な仕事しかしていないことを自覚しているから、常に自分として不満足な気持ちを抱きつづけることになる。だから、いつ研究資金が切られても文句が言えない。そんな心情になると、可能な限り多くのソースからの研究費を確保しておきたいと思う。研究資金が確保できなくなればタダの人になってしまうからだ。

こんな心理状態では、科学の健全な発展とか、科学者としての原点というような、倫理に関わることから遠ざかろうという気分になってしまうのは当然だろう。自分についてはもちろんのこと、他の研究者の倫理規範を論じる資格は自分にはないとして目をつむってしまう。社会的な事象についても関心を払わず唯我独尊になっていれば、誰からも批判されずにいられる。現在、自然科学系の研究者が社会的な問題に無関心であり、ほとんど口を出すことがないのは、以上のような背景があるためだろう。社会的な事象に目をつむってひたすら自分の世界に引きこもっていれば、客観的に異様な時代であっても主観的に異様ではないということになる。このような人間が増えるとファシズムになっていく。その具体的な表れが軍事研究への参加ではないだろうか。

科学者の許容論（4）――「自衛のためならかまわない」

「民生目的＝善、軍事目的＝悪」を、「善のための使用と悪のための使用」という二重性に置き換え、「防衛目的＝善、攻撃目的＝悪」とすり替える論がある。つまり、もっぱら防衛目的の装備なら善であり、相手を直接殺傷する攻撃兵器には手を出さないから許されるという意見である。ところが、実際には防衛目的と攻撃目的は区別がつかず、攻守が一体となっているのが現実である。盾は矛の攻撃から身を守る防御のための装備だが、いかなる矛にも破壊されない盾ができれば、それを持って攻撃すれば負けないから攻撃にも使える。防御用の盾が攻撃に転用できるのだ。むろん、そんな強靱な盾ができれば、当然それを破るためのより強力な矛が発明される。するとまたそれに負けない盾が作られ、今度はさらに強い矛が開発され……といくらでもエスカレーションする。攻撃と防御は切り離せず、一体となって軍拡の口実とされるのである。

よく、「明白な軍事目的ではない」と言いわけしながら、装備開発に携わっていることが多い。「明白な（あるいは、明らかな）」軍事目的とは、攻撃用兵器開発という意味であり、そのような直接的に人を殺傷する兵器ではなく、自衛のための装備開発なので問題はないというのである。しかし、人を直接殺傷する兵器ではなく、単なる防御用の軍事装備品であっても、軍隊を成り立たせるための装備であれば、それも兵器開発と同格の軍事開発なのである。「何のため、誰のための装備か」が問われなければならないのだ。

自衛論の行き着くところ

科学者がよく口にする自衛論は、敵が攻め込んできたとき家族が犠牲になって殺されるのは厭だから、敵の侵入に対する自衛のための武装が必要で、そのための軍事研究を行なうべきという意見である。ほとんどが「専守防衛論」で、その最も古典的で素朴な意見が、近代的な武器さえ備えていれば、それが抑止力になって敵が攻めてこなくなるというものだ。いわばハリネズミ作戦である。しかし、現代は他国に一方的に侵略し暴虐の限りを尽くす無法な時代ではない。そんなことをすれば、国際的な強い批判を受け、経済制裁を課せられて、国として立ちゆかなくなる。さまざまなかたちで国同士が経済的・社会的・政治的・学術的につながっており、軍事力で敵と見做す国を屈服させる時代は終わったのである。だから、そもそも専守防衛のための軍事力の増強は無意味なのである。

もし、危険な「ならず者国家」(たとえば北朝鮮)があると考えるなら、進んで交渉や話し合いを持って他国との間に存在する確執を解消する努力をすべきなのだ。ミサイルを飛ばす危険な国だと悪罵を投げつけ、自ら軍拡に励むのはまったく逆行した行動と言える。相手国をよけい刺激し、互いにエスカレーションしていくだけである。テロ集団が出現したり、国内の内戦が起こったりすれば、警察力で抑え込めばよい。そもそも、そんな戦いが起こるような不安定な国にならないよう、公正で健全な社会を築くのが先決である。

ところが、今の日本は専守防衛どころか、集団的自衛権の行使容認をして、敵と見做す国の領土や基地を叩く能力を身に着けるべく装備をどんどん拡充している。長距離ミサイルの配備計画や多用途運用駆逐艦と呼ぶ航空母艦への改修がその典型で、もはやハリネズミではなく、トラやライオンのように敵に襲いかかる実力を身につけつつある。今となっては家族を守るという理由は成り立たないのだが、果たして彼らは同じ言葉を繰り返すのだろうか。

このような攻撃的軍事化路線がそのまま拡大していけば、「わが国の安全を守るためには、敵をまず叩くのが戦争に勝利する鉄則」だと、敵の攻撃を受ける前にこちらから攻撃するのが自衛のためということになるだろう。過去におけるいずれの戦争も、たとえ侵略戦争であっても、自衛を理由にして始まったことを忘れてはならない。もっとも、いずこの国の軍隊も防衛軍・国防軍と呼び、defense（あるいはsecurity）のための軍隊であって、offense（あるいはattack）という名は付けていない。建前上、軍隊はすべて防衛のためにあって侵略のためではないことになっている。侵略したとしても自衛のためなのである。

日本は平和国家だから、自衛のためという口実で他国を侵略することはないと思われるかもしれない。それなら、なぜ最新型の戦車やＦ35戦闘機など攻撃的兵器を多数装備し、新たな武器開発のための軍事研究が必要なのだろうか。

私は軍事力によって自衛するのではなく、実質の軍隊である自衛隊は国土防衛隊に改組して丸腰になり、あらゆる国際紛争や国家間の対立は交渉と話し合いによって解決すべきと考えている。自衛のためであろうと、武器を持って人を殺す行為には一切関わらない行き方を選びたいのだ。そのような国民ばかりになれば、どこの国が攻撃を加えるだろうか。

倫理規範に対する反論

科学者は軍事研究に携わるべきではないとの私の議論は、科学者の倫理として持つべき規範である。また大学での審査委員会や学会のガイドラインにおいて押さえるべきなのは、科学者の自主性・自律性・成果の公開性を確立し、「学問の自由」を堅持して学問研究に政府の介入を許さない、そのためには軍事研究に手を出すべきではないという点であり、これも学問共同体としての科学者コミュニティが遵守すべき倫理規範である。

ところが、倫理規範はもっぱら個人の心の持ちように過ぎないのだから、その対処・対応は個人ごとに異なってかまわない、大学という組織が個人の心まで縛るべきではない、との反論が出されることが多い。その代表的な意見を拾い上げて、私の考えを述べておこう。

倫理は法律ではない！

大学には個人主義的な人間が多くいて、しっかり自己主張をする。それは一般的にはいいことなのだが、他方では科学者コミュニティとして共同行動を取ることが求められる場合であっても、意見が揃わずばらばらの状態のままということになる。上意下達で執行部の命じる通りに一糸乱れず振る舞うような組織よりはずっといいのだが、自分たちの間で話し合い、組織としての見解をまとめる、ということができなくなってしまうなら問題である。私たちはみんなかけがえのない個人として生きているとともに、社会的存在としての集団（学問共同体）を形成しており、当然集団としての主張や運動はあってしかるべきである。その場合、個人の意見通りにはならないこともある。個と集団の相克は必ず生じるもので、それをどう克服するかが重要なのである。

あくまで個としての立場を優先して、集団で取り決めた倫理指針や規範に一切従わない人間がいる。その論点は「倫理は法律ではないのだから、強制できない。あくまで個人の選択に任せるべきである」というものである。しかし、人間が社会生活をスムースに営むために何らかの規律・規範を定めることが必要であることは誰もが認める。これには二種類ある。一つは「法律」で、明らかに他人に被害や損失（肉体的、経済的、精神的）を与えるような行為に対する禁止条項というかたちで定められ、それに従うことが強制される。従わなければ罰則が与えられ、警察力のような外的強制力の実施が必要となる場合もある。もう一つは「倫理（あるいは道徳）」で、基本的には社会生活が円滑・円満に営めるよう、社会を構成する個々人の内面を律する規範や、他人に対する迷惑行為や感情を害する行為（精神的、社会的、感情的な困惑・嫌悪感を与える行為）を行なわないよう定めた一般的な決まり（約束）のことで、普通は強制や罰則を伴わない。倫理を守ることが当たり前で、守らないと社会的な非難を受けるが、それには外的強制力の行使はない。社会の決まりを「法律」によって強制するのではなく、

「倫理」によって個人の自律的判断に任せる方が、自由度・自律度が高い社会と言える。

大学が「規定」とか「規約」とか「規則」として定めている、大学内部での行動を律するさまざまな約束事は、それに違反したからといって法律による処分はなされない。だから、それらは原理的には「倫理」に属するのだが、大学内でのみ有効な強制力（退職・停職・休職勧告や戒告・注意処分など）が講じられることがあり、構成員はそれに従うことを当然として受け入れている。大学において定められている倫理は、構成員の規範として守ることが当然とされているのである。それは、大学の自浄能力とも言える（セクハラやパワハラ問題などで、まだまだ大学の審査や処分が甘く自浄能力がないという批判があるが）。

これに対し、「軍事研究を行なわない」という学長（や理事会や評議会や教授会）声明があったとしても、それは「倫理的要請」であって、違反したからといって大学から処分されることはない。大学の総意となっても、それに反対する意見もあり、罰則規定を伴った規則ではないから、個人の内面までは縛らないと理解されている。そのため、この問題について「必ずしも倫理に従う必要はない」との反論が当然あることは否めない。

そのような反論を主張する人間がいる場合には、集団として倫理観を広く議論して守るべき規範を共有する習慣を身に着けるための場を作ることである。実際に、個人の自由をもっぱら公言（あるいは広言）する人間であっても、集団の一員として倫理について考え、そのような場で相互に批判し合う構成員としての義務がある。その義務を放棄するなら、集団として決定された倫理規範を拒否する資格がないと言うべきだろう。

教授会の権限が縮小され、教員集団あるいは教室構成員としての議論の場が少なくなっているのが現状なのだが、日常的に研究費の状況や研究の場の現状など、教員全体に共通する問題について話し合う習慣を失ってはならないと思う。倫理規範とは、まさに日常生活において互いにスムースな関係を維持するための知恵のようなものである。実際に、完全に孤立してもなお、自分は集団で定めた倫理には従わないと固執する人間はそう多くいないのではないか。言い換えれば、そのように主張する人間ばかりが増えて、ばらばらの人間集団になってしまったとき、集団の倫理の崩壊が始まるのである。

自己責任だ！

先の意見と似ているが少し異なるのは、学問・研究の自由を主張する以前に「個人が自己責任で勝手に軍事研究を行なって何が悪い！」という論を持ち出す場合である。「研究は個人だけのものだから、ほっといてくれ」というわけだ。しかし、研究という行為は、個人だけの営みではない。研究を行なう環境は組織としての大学が作り上げたものであり、その中で研究を行なうのだから、倫理を逸脱した軍事研究は研究環境に対する悪影響を必然的に招くのである。

さらに考えるべきことは、研究には同じ分野の科学者コミュニティ内での自由な交流・情報交換・相互批判が不可欠であり、それは長い歴史と相互信頼の下で築き上げられたものという点である。そこに軍事研究を行なっている研究者が一人でも加わったら、研究者仲間の間でさまざまな齟齬・心配・不安が生じることは確実だろう。秘密保護のために自らの研究内容を語りたがらない研究者が混じってくると、研究者間の自由な研究交流ができなくなる。それは学問の発展を阻害することになり、学界にとっても大きな損失を被る。そのような危険性を招きかねないのに、「自己責任だ」と言っていてよいのだろうか。やはり、研究という行為は個人だけに閉じていないことを自覚すべきなのである。

百歩譲って「自己責任だ」としても、その報いを自分も受けることになる。研究者仲間からの信頼を失うことで、学界から孤立し、院生に対する就職の斡旋や留学情報も仲間から得られなくなることは目に見えている。それは、結局、自分の学者生命を短くすることにつながるだろう。それも自己責任として潔く受け入れる覚悟をしてのことならかまわないのだが。

さらに、大学の重要な役割に学生や大学院生への教育があり、その教育への悪影響（倫理的な問題が指摘される研究に学生や院生を手伝わせる、公然と発表できない研究について学生たちに夢を持って語れないなど）がある。また大学の自治への危機を招く恐れ（学長がコントロールできない研究資金が流入する、いつ特定秘密保護法に抵触して研究が差し止められ他の研究者に悪影響を与えるかわからないなど）がある。大学は次代の人間を育てる重要な任務があり、それに齟齬する行為は「ほっとく」わけには行かない。自己責任に閉じないことを自覚すべきである。

研究者が研究を持続するための三条件は、研究費と研究場所と研究時間の確保である。いずれも所属する大学の環境条件が大きく影響するが、なかでも研究場所と研究時間は研究者としてのキャリアや研究機関での地位と強く関連する。つまり意識的にそれらを選ぶことは困難で、客観的な条件から決まってくることが多い。それに比べ、研究費に関しては、競争的資金への依存度がきわめて大きくなった現在、研究者個人の努力や才覚で決まるようになっている。そして研究費がなければ研究を続行できないのだから、「倫理で研究はできない」として、研究費を稼ぐために魂を悪魔に売ることを辞さない研究者も現れることになる。軍事研究は、研究費を獲得して研究を続行するための格好の言いわけに使われる。

ここでガンジーの言葉、「人格なき学問、人間性に欠けた学術に、どんな意味があろうか」を思い出そう。学問・学術の研究は自然に人格や人間性が滲み出るものであり、ガンジーはそれが欠如した研究に果たして意味が見出せるのか、と問いかけているのだ。学問に真剣に向かい合う学者、学術の世界に深く身を委ねる研究者であれば、その学問内容に社会や生き方への見識や目線の高さが「学知」として発現する。ガンジーは学者・研究者に対して、誰に対しても恥ずかしくない学問であるかを自問するよう促しているのである。

といっても、科学や技術は自然現象や物質などの無機的な対象の運動や相互作用を扱う分野だから、その研究には科学者や技術者の人格や人間性は関係しないと思われるかもしれない。しかし、そこで創り出そうとするものが、人々の幸福や世界の平和を希求してのものなのかどうかは判断できる。それが人々に何をもたらすのかをしっかり想像し、それをいかに使うのがよいかを人々に助言できる、そんな自らの活動の結果にまで思いを馳せているかどうか、そこに人格や人間性が浮かび上がってくることは明らかだろう。「倫理で仕事ができる！」のである。

第6章　やはり、科学者は軍事研究に手を染めてはならない

本書で述べてきたことをまとめ直し、軍事研究に手を染めるべきではないことの理由を再確認したい。特に、大学の研究者は企業の研究者とは違った社会的役割があることから、知識人としての責任や社会から課せられた責務について考えるべき側面が多くある。また、研究者は社会的エリートとして遇されており、研究者はそれを当然のように享受しているが、逆にそれに伴う研究者としての義務がある。「ノーブレスオブリージ」である。特に、大学は研究の場であるとともに若者を教育する場であり、次世代の社会がどのような方向に歩んでいくかを決するのは若者たちであることを考えると、彼らがどのように育っていくかは、日本のみならず人類の未来を決することになる。そう考えると、軍事研究などに予算や資源や人間の能力を浪費するのは、大いなる損失と言わざるを得ない。軍事力を強化することは、人類が自分たち自身の首を絞め、未来の可能性を狭めることにつながる。

プロフェッションとしての科学者・技術者

私も経験したのだが、大学の教員になって研究と教育が自分の生活上の生業《なりわい》となると、それが当たり前になってしまい、社会からの負託とか、人々と相互に暗黙の契約を結んでいることを忘れてしまう。その結果、知らぬ間に醸成されたエリート意識のまま、社会的な視点を失い、独断的な振る舞いが当たり前のようになる。軍事研究に対しても、ただ科学・技術の発展につながるとの単細胞的な発想に止まり、兵器開発に携わることになってしまう。専門職《プロフェッション》としての科学者・研究者はいかなるべきかを考えてみよう。

専門職《プロフェッション》とは何か？

Professという言葉の語源はラテン語で、pro（の前で）とfess（述べる）が結びついて「公言する」「明言する」という意味から、神の前で「信仰を告白する」ことを意味するようになった。やがて、一般に自分の考え方や信条を他人にわかる言葉で述べる行為、そして「を職業とする」という意味に拡大された。これから私たちが通常「プロ」と呼ぶProfession（専門職）なる言葉ができたのだが、それはProfess（公言する）にsion（こと）が結びつき、「知識や技能があること」を意味する。

さらに、プロフェッションには一般の職業（Occupation）とは異なる意味合いが含まれている。「神に向かって公正であることを誓った人間が就くべき特別な職業」との含意があるからだ。そのことは、プロフェッション（専門職）は社会や人間に対し誠実にサービスすることを合意し任務とするのに対し、逆に社会は専門職に名誉ある地位を与え自治権を付与していることで報いている、という暗黙の了解事項となっている。通常、プロフェッションと呼ぶ職業として医師・法律家・看護師・学校教師などがあり、いずれも人間の生命や財産や知的世界に深く関係して人々の生活に大きな影響を与える職業である。これらの専門家になるためには国家が定めた資格を取らねばならず、それぞれについて倫理基準が定められており、それに違反しない限り簡単に資格を取り上げられることはない。

それでは、科学者・技術者はどうなのだろうか。科学・技術の知識や技能の保持者であり、その行使によって社会にサービスしていることは確かだが、国家の資格のようなものは存在せず、特別な倫理基準を守ることを求められていない。実際、小中高までの教師は国家免許が必要だが、科学者と見做される大学の教師や研究機関の研究者には何の資格試験もない。技術士資格という技術者集団が定めた倫理規範に関する資格認定制度はあるが、その取得は任意であって、日本ではその資格を取得していない技術者の方が圧倒的に多い。つまり、今や誰もが科学者・技術者をプロフェッションとして認めているのだが、その任務や倫理規範について共通理解が形成されていないのも事実である。日本学術会議が「科学者憲章」とか「科学者の行動規範」などについて見解を発表してきたが、なかなか定着していないのがその一例だろう。

やはり、科学者・技術者自身がプロフェッションとしての意識を持つことが必要で、その意識のもとでは、軍事研究に携わることはプロフェッションの道から外れていくことにつながる、とわかるのではないだろうか。以下、まずプロフェッションが持っている特性や守るべき倫理規範について考えてみよう。

一般の職業とは異なって、プロフェッションのみが持っている三つの特質がある。

(1)**専門性**　プロフェッションは特別な専門的知識や技量を有していることから、その職業に対して独占的な権利が保障され、そのような専門的知識を歪めたり裏切ったりするようなことはしないとされる。これが「真実の習慣」と呼ばれるプロフェッションの特質である。でなければ、何が真実であるか一般の人間にはわからなくなるからだ。科学者・技術者は科学・技術に関する一般の人が知り得ない知識を持ち、「真実の習慣」を身に着けているがゆえに、人々は科学者・技術者を信用するのである。その意味で「真実であること」に関して科学者・技術者の責任は大きい。それを保証するために、専門的な知識や技量の教育や訓練のための特別な養成システムとしての大学院が社会的に(主に国家が費用を出して)整備され、大学院時代に専門家としての教育・訓練を受けるのが通常である。

(2)**自治権**　プロフェッションは専門家として意見が尊重され、他の何者にも干渉されず、指示も受けずに行動することができる。つまり、自らが自らを決する自治の権利を有しているのだ。大学の教育内容については教員集団に任されており、研究内容は教員の意向で決定できるのも、自治権があるためである。科学者の欠かせざる倫理として、周囲の思惑などは気にせず、科学的真実に忠実でなければならない。それこそが本来の自治権の発動なのである。

（3）**公衆との倫理契約**　プロフェッションとしての科学・技術の専門家は嘘をつかず、社会の発展のために寄与をしていると社会は考えている。そうでなければ危なくて生きていられないからだ。つまり、科学者・技術者は一般公衆と、暗黙のうちに、誠実に任務を遂行しているという倫理契約を結んでいることになる。それに対して、科学者・技術者の社会的地位が高いという見返りが与えられている。だから、科学者・技術者は「他への献身」を当然のように求められる存在であり、特質となっている。それが期待できるからこそ、（2）のように自治権が与えられているだけでなく、科学者・技術者を社会的エリートとして遇されているのである。

このように考えてみれば、大学の教員が専門的知識ゆえに尊敬され（（1）に由来）、大学の自治という言葉で総称される研究・教育の自治権が保障され（（2）に由来）、社会に対して誠実に対応していると信じられて（（3）に由来）いるのは、プロフェッションとしての科学者・技術者の特質からのものであるとわかる。しかし、現実にはさまざまな綻びがあり、社会を裏切っている側面も多くある。その意味で、プロフェッションとしての科学者・技術者の倫理とあるべき姿を考え直すことが求められているのではないだろうか。

そこで、科学者・技術者が軍事研究に手を染めるということが、プロフェッションという誇りある職業の三つの特質をいかに裏切ることになるかを考えてみよう。

（1）**専門性**　軍事技術の開発には科学者・技術者の知識と経験が不可欠である。だからこそ、防衛装備庁の「推進制度」では大学・公的研究機関・企業の科学者・技術者に対して装備品の初期開発に資金提供を行なうのである。その意味では、軍事研究はプロフェッションとしての科学者・技術者に打ってつけの仕事のように見えるが、決定的に欠けるのは「真実の習慣」である。軍事研究に携わる人間は、その成果が秘匿されたり、最終的にどのような用途に使われるかわからないなど、真実から遮断される可能性が高い。また、科学者・技術者が持つ特別な知識や技量が軍に独占されても文句が言えない。軍事研究は専門性を歪めるのである。

（2）**自治権**　他から干渉されず指示も受けずに仕事ができるという意味の自治権は、軍事研究においては保障されないのは自明であろう。公募要領ではあれこれ自由があるように書き、軍事研究は基礎研究であると言うのだが、将来の装備品の開発に生かすことを自明の目的としており、その目的遂行が第一条件であり、研究開発者の自治権は無視されるからである。その成果の公表についても完全な自治権は保障されない。何をどこまで公表可能かを決定するのも、それを秘密のままにするのもスポンサーである防衛装備庁の意のままになるからだ。そのために軍事開発の経験者をＰＯとして派遣しチェックすることにしているのである。

（3）**公衆との倫理契約**　今問題にしている軍事研究は、防衛装備庁と科学者・技術者との委託・受託契約で始まるのだから、公衆との関係は一切眼中にはない。防衛装備庁と結ばれる倫理契約は、研究の不正を行なわないとか不正会計を行なわないとかの研究遂行における倫理であって、その研究や開発そのものがもたらす社会的影響や人々への不利益に関する倫理責任は何ら考慮されない。そもそも軍事研究の契約には公衆という概念は入ってこないのである。

以上から、軍事研究に勤しむ技術者はプロフェッションとは言えず、技術者としての誇りや責任感を持たないで、単に知識や技量を切り売りする技術屋でしかないと言わざるを得ない。そうなってもいいのだろうか。

そこで、私が考える専門職《プロフェッション》としての科学者・技術者が守るべき倫理はいかなるものであるべきかを書いておこう。

（1）知的に誠実であること、あるいは科学的真実に忠実であること。

中国の諺に「君子は豹変し、小子は革面す」がある。君子は自分が間違っていたことがわかれば固執せず、豹変して間違いを正すが、つまらない人間は革の面を被ったように少し顔をしかめるだけ。常に真実に対し謙虚に正直に対応して、自分をごまかさないことである。

（2）専門家としての想像力を発揮し、問題点を指摘すること。

科学者・技術者は専門の事柄については、今目の前で見ている事象がどのように変化し、将来どうなるかを想像することができる。その力を発揮して、生じている（あるいは、生じうる）事柄の問題点を率直に指摘しなければならない。専門家のみが、限界や悪影響について前もって知ることができ、それを人々に知らせるのが専門家に求められる重要な役割なのである。

（3）事実を公開すること、あるいは事実の秘匿は罪であること。

生じた問題の根源を考えるうえでは、すべての事実《データ》がオープンにされなければならない。しかし、自分に都合が悪いデータや政府や関係者にとって不利なデータを秘匿してしまうことが多い。自分の罪を逃れたり、関係ある人の心情を忖度したり、スポンサーの利害を優先したりして、データを公開しないからだ。それは科学者・技術者の本分を全うしておらず、罪とさえ言える行為である。

（4）科学者・技術者である以前に、一人の市民である自覚。

自分がしている行動を、自分の親や子どもに正直に、誇りを持って話せるか、そのことを常に自分に問いかけることである。そこにごまかしや逃げがあることを自覚したとき、さて自分の行動のどこに問題があるかを考えてみることだ。倫理とは自分の心への問いかけ、そして正邪を自分で判断して人間としての筋を通すことであるまいか。

予防措置原則について

私は、技術者が持つべき倫理責任の基本的考え方として、「予防措置原則」が根幹になければならないと考えている。予防措置原則とは、ある技術の行使に危険性が予想されるとき、あるいは危険性があると警告される場合、いったん技術の行使（開発）を中止するか、小さな実験程度に止めて、危険性を除去するための予防的な措置を優先すべき、という原則のことである。特に人命に影響があると予想される技術の開発は急ぐべきではなく、安全性が保障できるまでは商業的利用は控えることは言うまでもない。

言い換えると、技術者倫理として最初に心すべきなのは、その技術を予防措置原則に照らして進めるかどうかの判断である。少しでも疑義があれば「待った」をかけることが、「安全・安心の技術」

を可能にするからだ。そのために組織の論理を点検し、必要な場合には改善提案を打ち出すべきだろう。

ところが、予防措置原則は早く利潤を求めたい組織（企業）の論理とは水が合わない。企業は、他社に先駆けて製品を開発し、いち早く商品として発売したいと考えている。予防措置原則に従って危険性をとことん調べ、それに対する解決策を措置するようなことまでしていると企業間競争に負けてしまうと考える。そのため、実際に問題が起こってから対処すればよい、というのを企業方針としたいだろう。その最悪のケースとして、車の技術上の不備をリコールして修理する費用と人命事故を起こした場合の損害賠償のための費用を比べて、後者の方が安いのでリコールをしなかったという事件があった。この事件では、企業責任も技術者倫理も無視されて、人命を単なる金勘定の取引に矮小化してしまっている。予防措置原則は企業や技術者の倫理のリトマス試験紙と言うことができるのではないだろうか。

違った問題として、新技術の導入を計画している政府機関や企業を考えてみよう（過去の例として、原発やロケットの開発がある）。政府機関や企業は他国との競争に打ち勝つために、一気に大型で効率的な方式を導入してその威力を見せつけるのが得策と考える傾向がある。そのため、大型化による危険性のチェックや基礎実験の充実など、予防措置原則が求める手続きに従っていられないということになってしまう。実際、日本のロケットや原発の技術導入は、予防措置原則抜きで行なわれたのだが、果たして成功したのだろうか。結局、値段が高いままの技術開発になってしまったとか（ロケット）、不十分な技術のまま危険性と隣り合わせで稼働させつづけるとか（原発）で、いずれも問題点を残す結果となっている。

現在、問題となっている例として、ＡＩの軍事転用の危険性やゲノム編集による遺伝子操作した動植物の創出がある。いずれも、産業界は次のビジネスの目標だとして早く開発を行なって金儲けに利用したいと考え、国からの規制の手が入るのを非常に嫌う。国としても、次のイノベーションの種だとして自由に開発をさせたいと思っている。しかし、他方ではその技術の危険性が国際的に問題になり、科学者や技術者からも慎重な開発を望む声も強い。このような問題こそ予防措置原則の格好の対象と思うのだが、なかなかそのような方向に発展しない。まさに人類の英知が試されている課題と言えるだろう。

技術を鍛え、より安全で信頼できる技術にしていくのも予防措置原則の精神である。そして、真の技術の発展を望む技術者なら、時間はかかってもしっかりした技術として世に出そうと考えるのではないだろうか。ところが大量消費社会になって、技術の寿命が来る前に使い捨てし、より安い手軽な技術に転換するようになっている。それを反映するかのように、企業の不祥事（製品の手抜き、表示以下の性能、検査の不備など）が続出し、危険な技術が横行する状況である。それは資源やエネルギーの浪費で持続可能性とは正反対であり、企業の社会的責任が問われる事態になっている。技術の本質を無視して組織の論理を優先させたため、かえって組織そのものを弱体化させているのである。予防措置原則のもとで、じっくりと時間をかけた物づくりこそ、技術者倫理に合致した行き方と言えよう。

軍事研究が予防措置原則の精神とは正反対であることは誰でもわかる。そもそも戦争とは、敵の人員やインフラに打撃を与えることが目的である。そのために必要とされる軍事装備品は、それが直接人命を奪うような攻撃的兵器ではなくても、何らかのかたちで敵の人命・安全・健康など身体的・精神的能力への損傷、つまり「危険の実践」を目的とする。その開発は「危険の予防」とは正反対であることは自明であろう。

防御的な兵器ならそれは関係ないと思うかもしれない。しかし、防御的兵器の開発であっても、それを破壊するような攻撃的兵器の研究が必ず並行しているのは常識である。「安全保障」とは、「考え得る危険性を措定して、それへの万全の対処をして安全であることを保障すること」なのだから、常に敵からの侵略に対して対抗策を打つことが必然となる。科学者・技術者の軍事研究は、そのためのお手伝いなのである。

何度も述べたように、防衛省がよく使う「技術的優越」の言葉は、一歩でも優れた装備品を早く開発して敵を上回る優越性を獲得するという意味である。軍は、より性能の高い武器を際限なく求め、敵をせん滅する能力が上回るのなら、そこに多少危険性が残っていてもかまわない。武器の扱いで死傷者が出るのは当然としているからだ。これも予防措置原則とは一八〇度逆向きの方向であることは明らかだろう。軍事研究とは、そのような非人間性を必然的に孕んでいる行為であり、それに与するかどうかが問われていると言える。

大学が社会から負託されている役割

科学者コミュニティとしての大学

大学は「学問共同体」とも呼ばれる。人類が培ってきた学問（知識）を継承するとともに、新たに創造された学知を付け足し、それらを次世代の人間に引き継いでいく役割を、さまざまな分野の研究者が協力し合いながら共同して果たしていくための組織である。だから、大学は「知の共同体」とも称せられる。科学者コミュニティを貫く一般原則は「合理性」（道理や論理にかなっている）と「客観性」（個人の主観から独立した普遍性を持っている）であり、真実を追究する中で世界の平和と人類の幸福を目指すことを目的としている。それが学問の原点である。むろん、大学での学問には高い水準の「専門性」が尊重され維持されなければならず、大学では相互信頼に基づく社会秩序が形づくられていなければならない。

ここで重要なことは、学問そのものは直接物質的富を生み出さないから、科学者コミュニティは必然的に支援者《スポンサー》を必要とするということである。通常、スポンサーは納税者である国民なのだが、研究者と納税者が共有する認識として、学問の追究自体に価値を認めるとともに、学問知識の究極的な有用性に対する信念がある。つまり、国民は学問が大事であり有用であることを認めて税金を拠出し、学問の研究や教育を科学者コミュニティに「委託」しているということにある。逆に、大学の研究者の立場から言えば、学問の研究と教育を国民から「負託」されている（あるいは「受託」している）という関係である。私立大学は納税者からの経済的負担を多く得ているわけではないが、学問研究や教育の委託・負託（受託）関係は同じである。大学は国民と契約しているのである。

だから本章の冒頭の専門職《プロフェッション》の節でも述べたように、大学の研究者はエリートとして時間的にも職務的にも自由度が与えられ、生活費のみならず研究教育の費用も公的に保証され、将来計画のプロジェクトについての要求を出すことを当然としている。それは、学問を進めるという仕事を国民から負託されていることから来る職務と言える。むろん、大学の研究者は誠意を持って負託された仕事を遂行するとともに、得られた成果や知見を国民に伝えていく義務がある。このような授受の関係で研究者と国民がつながっているという事実を忘れてはならない。

以上のような関係から、科学者コミュニティは外部の権威に干渉されず、内部に自主・自律という自由度を持った社会的制度とも言える。「象牙の塔」は、現実社会と没交渉の自己本位な大学という否定的な意味で使われ、それは正しい批判であるが、外部からの圧力に対しては大学として自立し強く抵抗するという肯定的な意味もあるのではないか。さらに、内部に多様な可能性を含んで柔軟性があり、外部には開かれた寛容性を持つようになるのが望ましい。

また、知識の公有性（大学は公共財である）を保証するために大学は独立性を確保しなければならず、また科学者コミュニティとしての自主性が尊重されねばならない。それが大学の自治の保障と学問の自由の確立である。そして、大学は教育と研究を通じて社会と結びついていることが当然とされる。

それに止まらず、知的財産の供給地としての大学、あるいは地域活性化のエンジンとしての大学など、新たな大学の役割が求められるようになっている。それが、産官学の連携であったり、さらに大学発ベンチャーの奨励であったり、大学を核とする地域起こしであったりするが、やはり大学はアカデミック科学の根拠地でなければならない。大学は就職のための専門学校化してはならず、知の共同体でなくなったとき、大学は終焉する。

ポストアカデミック科学の浸食

しかし、現在はポストアカデミック科学の時代と言われるようになった。社会との暗黙の契約の中で、公共財としての知識の追究を行なうアカデミック科学の時代から大学は大きく変貌しつつあるからで、その理由は社会のグローバル化の進行により、大学を取り巻く政治・経済・社会の実相が変わっているためである。軍事研究が大学に入り込もうとしているのも、その一つの兆候と言える。

まず、新自由主義路線がどんどん強くなって競争原理が大学内を席巻し、経済論理が学問に大きな影響を与えている。端的には研究費が競争的資金ばかりとなって、競争に勝たねば研究費を獲得できなくなっていることである。そこで、ひたすら論文を書きつづけること、そしてその研究が役に立つことを強調することが研究者の必須条件になる。そのためには研究者は社会的な事柄に目をつぶって、ひたすら研究のみに専念する。ポストアカデミック科学とは、研究者の幅広い視野を奪うのである。

さらに競争原理は個人にとどまらず、大学間の競争にも拡大されている。文科省がさまざまな競争的補助金を用意して大学間の資金獲得競争を煽っているからだ。運営費交付金や私学補助の配分にも、文科省の指導通りの「大学改革」を行なっているかどうかの「成果主義」が露骨に取り入れられている。特に運営費交付金への依存が高い国立大学は運営資金の確保・獲得のために血眼になっており、そのためにはためらうことなく学科編成や研究教育分野の統合再編を行なおうとしている。一般にすぐに役に立たないと見做されている文系・社系の分野を減らして、役に立つ理工系分野（産学共同や受託研究などで外部資金を獲得しやすい分野）に転換する動きはその一例である。かつての科学者コミュニティが壊されつつあるのだ。

理工系への転換は、産官学連携という名による学問の実用性重視の表れなのだが、それはまたイノベーション強化を謳う国家の経済政策・科学技術政策とも軌を一にしている。つまり、産業界に寄与する学問を優遇して科学・技術の取り込みを図り、それによって国家の競争力を強めるという意図なのである。大学を予算不足で追い詰め、産業界にすり寄らせる作戦とも言える。そのために専門家でない人間がプロジェクトの査定や評価を行ない、実務家と称する官僚や実業界の人間が大学教員に収まり、学問の論理とは縁遠い官僚や産業界が発する経済論理で科学・技術の未来を決しようとしている。つまり、ポストアカデミック科学とは、将来に生かすべきアカデミックな側面を取捨して、当面役立つとか、現時点で流行している分野の後追いを合理化することでしかない。そのようなポストアカデミック科学は、あまりに近視眼的であり、科学の基層力を削ぐことにつながることは明らかだろう。

軍事研究の誘いもポストアカデミック科学の一環である。民生利用と軍事利用を「デュアルユース」と呼び、軍事利用を推し進めるのだが、その後に民生利用に活用するからいいではないか、との雰囲気に誘導するのだ。実際に行なわれているのは逆で、大学で民生技術として開発してきた科学・技術を、軍事組織が装備品開発に転用して横取りすることであるから、体《てい》の良いアカデミック科学の搾取にほかならない。ポストアカデミック科学は、科学の私有化が目的である（軍事利用も一種の私有化である）から、そこから何か新しい科学や技術の成果が生まれることはおよそ期待できない。本当のイノベーションのためには、長い時間をかけた試行錯誤の繰り返しの中で、科学者コミュニティとの対話・相互批判・相互評価が欠かせず、それは健全なアカデミック科学でこそ実現されることを忘れてはならない。手っ取り早く成果のみを急ぐポストアカデミック科学では、イノベーションも得られないことは明白である。

大学が国民の負託に応えるために

大学の役割の基本は学術の健全な発展であり、その活動を通して国民の負託に応えていくべきことは論を俟たない。問題は、それをいかに実現するか、そのために大学の研究者は何をなすべきか、である。

まず、大学は国内外に開かれた自由な研究・教育環境を維持し、より充実させる義務と責任を負っている。大学内部においては自己研鑽と相互批判が欠かせず、外部に開かれた大学でなければならない。大学の実情が外部から見え、口が挟め、批判し合える場が必要ということである。ところが、文科省が強引に進めている「大学改革」では学長への権力の集中を強める一方、教授会を決定機関でなくしてしまった。そのため、大学教員は白けてしまってバラバラになり、真剣に大学がどうあるべきかの議論をしなくなっている。それにとどまらず、研究者個人としての保身が第一になり、大学を科学者コミュニティとして見る視点を失っている。私は、たとえ教授会が審議機関に貶められようと、やはり大学内でまとまった意見を出しうるのは教授会だけなのだから、教授会をコミュニティ内部での相互批判と意見交換の場として機能させるべきではないかと考えている。

そのために、第一に重要なことは、

（1）科学者コミュニティとしての自己規律を確立することである。

軍事研究を行なわないという倫理綱領などもそこで議論して、大学全体の倫理規範として共有していくことだ。大学が学問の場として国民の負託に応えるためには、大学構成員の良識を互いに確認し、意識化することが大事なのではないだろうか。大学の内部自由度として確立すべき点である。

他方、外部からの研究・教育への圧力や攻撃に対して毅然として立ち向かうことは、大学の社会的責任として必須である。自由で開かれた研究・教育環境を維持することは大学の義務であり、それはとりもなおさず大学の自治や学問の自由を守ることに通じている。そして、大学の自治や学問の自由を守ることは、憲法に保障された権利を遵守することだけではないのである。

さらに、

（2）権力とは独立して学問の健全な研究・教育の発展を図ることは大学人の責務である。

単に、口先だけの権利・責務ではなく、手渡してはならない大学人の基本的人権とも言える。大学においては、研究・教育の場での自主性・自律性・自由な公開性が保障されねばならず、その確立のためには一切の妥協は許されない。

そして重要なことは、大学は教育機関であるということであり、それは学生・院生・若手研究者の将来についての責任を負っていることを意味する。そこで受けた教育経験は、若者たちの一生を左右すると言っても過言ではない。身に着けた教養や専門的知識のみならず、学習の方法、研究の進め方、基礎知識の蓄積と継続、大学や科学と社会との関係、倫理的思考など、数多くの「生き方の知」を学び、体得してゆくからだ。だからこそ、大学の教員は教育者であるという役割をもっと強く意識すべきである。

それはまた、大学に対する社会的評価の指標になる。国民と大学人をつなぐのは、専門分野に特化した研究より、むしろどのような教育をしているかであり、大学の人間の責務が具体的に問われるのも教育の側面であるからだ。

そして、最後に付け加えておきたいことは、大学が知的な訓練と経験を積んできた幅広い研究者の集団であることによる有利さを生かさない手はないということである。つまり、（1）で述べた自己規律のなかで集団的討議を行ない、さまざまな観点からの見方や観点を総合化した理念を共有し、「校風」あるいは「大学の伝統」として遺していくことである。それは、大学がいかなる理念のもと

で研究・教育活動を行なっているかを社会に提示するメルクマールになるだろう。それによって、

（3）大学と社会が相互理解をすることにつながるのである。

大学は社会に見られているとともに、社会は大学が示す見識を通じて批判力を養っていくことになる。大学と社会は手を携えて共に進化する関係であるべきなのである。

そして、何より大事なことは、ここに述べた（1）～（3）を学内および地域社会で共有することではないだろうか。ともすれば、大学の研究者は唯我独尊で、自分さえしっかりしていればよいとか、自分がやろうと思っていることに他人を介入させない、という意識が強い。しかし、それでは集団が生きる場としての、そして社会とともに歩むべき、大学の責務が見えなくなってしまう。それは大学にとっても社会にとっても大いなる損失なのではないだろうか。

終章　現代のパラドックス

これまで何度も述べてきたが、現代は大国間同士の戦争が終わった時代である。同時に、小国間の戦争が起こったとしても小競り合い程度で、一方の国が壊滅的打撃を被ったり、他国に占領されてしまって消滅したりする時代でもない。国内の反政府勢力との戦闘やテロリスト集団の攻撃を受けることもあるが、それによって政府が転覆してしまうような事態もあまり起こらない。世界は、小さな暴力に満ちてはいるが、大きな暴力である戦争に至ることはほとんどなくなっている。

他方、世界各国は軍事力をますます増強させ、殺傷力を高めた新たな武器開発に大金を投じている。さらに、核態勢の見直しとか、ミサイル防衛の見直しとかで、核兵器やミサイルを絶えず最新鋭なものに更新しながら軍事力を蓄積しつづけている。また、世界各国は「技術的優越」を達成すべく、科学者を多数動員して新兵器開発のための軍事研究を盛んに行なわせている。

これは、まさしく現代のパラドックスではないだろうか。戦争は起こらないのに、兵器ばかりを充実させていること、あるいは使うことがない兵器を充実させるために、資源とエネルギーと人間の能力を無駄に使っていること、である。

これに対し、為政者や軍人たちは、戦争が起こらないのは国防体制を充実させているためだ、と言うだろう。充実した兵器の抑止力によって攻める意欲をなくさせるから、結果的に戦争が起こっていないのである、と。だから、軍事力の増強を止めるわけにはいかないという理屈である。この論の前提には、他国を攻めようとする国は必ず存在し、貧弱な武器しか持っていないといつ攻撃されるかわからない、という不信感がある。旧来の弱肉強食の世界観とも言えようか。それが具体的にどの国だと聞けば、北朝鮮であったり、中国であったりするが、しかしそれらの国が他国を攻撃して何を得ようというのだろうか。

そんな疑問には答えず、自暴自棄になって攻撃するかもしれない、より凶悪な兵器を備えようとしているのがその証拠だと人々を脅して、軍拡のエスカレーションを続けている。実際、世界を破滅させかねない大量の核兵器がある一方、他方では使いやすい小型核兵器の開発が行なわれ、宇宙軍が創設され、ＡＩ兵器が登場し、ゲノム編集による新種の生物兵器の提案がなされ、電磁パルス弾やサイバー攻撃など現在のインフラの根幹をなすコンピューターシステムの破壊を狙うというふうに、あきれるほど次々と軍備拡張のための知恵が出され、軍産複合体は近視眼的な利益のためにその路線を死守しようとしているのが実情である。

しかしながら、自暴自棄になった国からの攻撃は、軍拡によって防げるのだろうか。よく話を聞いて、必要なら援助する用意があることを示せば、攻めて来ることはないだろう。軍拡に励む国に対して、こちらも軍拡で対抗すれば切りがない。話し合いと交渉によって平和を保つ方がどれだけ安心できるだろうか。

私は、戦争が起こらないのは兵器による抑止力のためではなく、世界がさまざまなかたちで繋がり合って生きていくようになっているためであると思っている。戦争を仕掛けるとたちまち世界の非難を浴び、世界から孤立してしまい、経済的に立ち行かなくなることを、為政者たちは知っている。戦争は何のプラスにもならないのだ。そのことを過去の所行から世界が学び、平和のための仕組みを工夫してきたのである。実際、国際連合は世界各国の繋がりを確認し強め合うとともに、造反国にはレッドカードを出して勧告し、時には経済制裁などを発令することを通じて暴走を阻止してきた。一五〇年の歴史を持つ非戦・軍縮の思想は時代とともに鍛えられ、時間はかかったが、ようやく世界が暴力に犯されることを防ぐだけの力を得つつある。人類の歩みは遅々としており、ジグザグがあって後退するときもあるが、平和共存の方向に進んできたと言えるのではないだろうか。

このような、使うことのない軍備に膨大な資金を投じているという現代のパラドックスを噛みしめ、世界が進んでいる方向を見つめるなら、軍事力を増強するために力を使うことが、なんと空しいものであるかがわかるのではないだろうか。当面の研究費のためとはいえ、軍事研究を行なうことは時代の歩みに逆行し、無駄の上に無駄を重ね、自分が持つ能力の浪費に過ぎないことも理解できるのではないだろうか。現代のパラドックスを解決するのは、澄んだ目で世界を眺め、人類が正義に向かって歩みつづけているという確信ではないか。

あとがき

二年ほど前、ある大学に軍学共同の関する講演に行ったとき、工学部の技術系職員の方から「若い学生たちは軍事研究に対する警戒心がまったくなく、防衛装備庁の募集を歓迎すらしていて心配だ。どう対応すればいいでしょうか」との相談を受けた。それまで私は、軍学共同反対連絡会の運動をしながら科学者に向けて『科学者と戦争』(二〇一六年)『科学者と軍事研究』(二〇一七年)(ともに岩波新書)を書いて、科学者の軍事研究の問題点や軍事化が進む日本の科学の現状に警告を発していたが、学生や院生などの若い人に対する科学倫理の重要なテーマとして、軍事研究には携わるべきではないことをはっきり書いてこなかった。軍事研究に手を出す主体はシニアの科学者であり、説得する相手はそのような人間と思い込んでいたためである。また、私がそうであったように、若者は恩師や先輩の背中を見て育つもので、知らず知らずのうちに科学者としての倫理規範を学んでいくものだから、シニアの科学者がちゃんとした姿勢を示していれば、そう心配することはないだろうと思っていたこともある。

しかし、大学の研究・教育の現場は大きく変化しており、そのような悠長なことは言っておられないことを、先の技術職の方からの話で知ったのであった。シニアの教授たちは、人数が増えた大学院生の教育に追われる一方、教室や大学の運営のための会議に出席し、競争的資金の書類書きに追われ、ポスドクや院生の推薦書をいくつも書き、雑誌や国際会議のレフェリー役を果たし、他大学や公的研究機関の外部委員を務め、大学が行なう各種のパフォーマンスに顔を出さねばならないというふうに忙しく、じっくり落ち着いて机に向かっている姿を若者たちに見せる暇がない。今や、若者が教授の背中を見て倫理規範を感じ取ることは不可能なのである。また、若者たちがこれまでに受けた教育には戦争のことはほとんど触れられていないから、軍事研究についても考えたことがない。通常の研究と何が違うのかわからず、科学や技術が進むなら防衛省から資金をもらうことに何の痛痒も感じない。そんな若者集団になっているようなのだ。

このことを心配したのが、若者に日常的に接する機会が多い技術系の職員で、若者が何もわからないまま軍事研究に取り込まれかねず、そもそも何のために大学で学問を学んでいるかを考えない人間になってしまう、と悩んで私に相談を持ちかけられたのである。うすうすそのような状況を感じていたものの、大学の現場を離れて五年も経っていた私にはショックであった。教員ではなく技術職の方からの相談であることが意味深長で、私は、教員たちには現在の若者たちの現状への関心を払う余裕がなく、したがってこの職員が抱いている懸念すら感じなくなっていることにいささかの感慨を覚えたのだが（実際、軍事研究を批判する私の講演会に顔を出さない）、そのことは脇に置いておく。

私は、この職員の方に、私が教壇に立って講義したりゼミを持ったりする機会は限られており、結局可能なのは若者に話しかけるスタイルで科学倫理を語る本を書くことしかないと応えた。しかし、近頃の若者は本を読まなくなっているので、果たしてどれだけ影響を与えられるかわからない、とも付け加えた。しかし、件《くだん》の職員の方は、「それでいいのです。若者に接する私たちの虎の巻になってくれて、少しでも科学倫理について関心を持った若者たちに読むことを奨められる本が欲しいのです」と言われる。そこで、私も若者に語りかけるようなスタイルの本を書くことを約束したのであった。

実際に取りかかってみて、これは大変な作業になると思わざるを得なかった。書くべき事柄としてリストアップした項目のほとんどは前二著に書いているから、それと重ならないようにすると必要以上に詳細な説明となってしまう。書き進めるうちに、さて何を語ろうとしているのか、我ながらわからなくなった。たとえば、軍事研究の実施に対して積極的なA大学と否定的なB大学の二つを対比して、対応の差がどこに由来するかを倫理規範に対する学内の審議体制や学内規則の差として書いてみようとした。ところが、詳細に入っていくうちに、他の大学にも適用できるような一般論からどんどん遠ざかってしまい、読み返してみて、それは読者にとって何の情報にもならず無意味であると自認せざるを得なかった。やはり、科学者コミュニティとしていずれの大学にも共有できる教訓や事例として提示しないと、読む気にならないだろうと思ったからだ。かなりの分量を書き溜めたのだが、ボツにすることにした。

よくよく考えてみれば、二つの大学の対応の差は、本質的には上意下達の大学か、全学の意見集約に努めている大学かの違いから来る。科学者コミュニティとしての大学においては、その大学の構成員（教員・ポスドク・院生・学生・職員）の倫理意識の高さが決定的である。それには大学執行部の姿勢が重要であり、いろんな状況で遭遇する倫理的な課題に対して広く話し合う機会を持っているかどうかが鍵になる。セクハラやパワハラの問題でよくお目にかかるように、大学執行部だけで丸く収めようとして事態を隠蔽すると、かえって傷口を大きくしてしまう。多様な意見を求めてオープンに議論を展開することこそが自浄作用として働き、有効なのである。

軍事研究との関わりとなると、本来自分たちの学問は何のためなのか、誰のためなのか、軍事研究に加担していくことが学問の動向にいかなる影響を与えるか、日本の軍備はどうあるべきか、などについてさまざまな側面から考えることが迫られる。単に競争的資金が一つ増えたということにとどまらないはずである。そのための講演会や特別講義を企画し、大学の方針について議論する場を設定する、そんな機会を作っていくことが大学や学問の将来にとって大事であることは論を俟たない。そのような努力を通じて、大学としての倫理規範が形作られていくのではないか。

そう考えて、大学で行なわれる議論に参考になるように、また教員や事務や技術系の職員が若者に接するときの虎の巻として使えるように、と考えて書き直したのが本書である。古典的と言われそうだが「起承転結」を頭に描いた構成にした。

まず「起」として、科学者が戦争に関わってきた歴史を書き、戦争を凄惨のものにした主犯が科学者であること（第1章）、にもかかわらず科学者は罪を逃れようとしてさまざまな常套句を吐く存在であること（第2章）を、最初にまとめて提示することにした。科学者は自らの罪を意識しつつ、居直ったり、言いわけしたり、逃げ口上でごまかしたりする。そのような科学者の姿を客観的に見れば、倫理を弁えることが人間として、また科学者として生きるうえで重要であると感じるのではないかと考えたのである。

続く「承」として、人類の歴史において不必要に苦痛を与える兵器の禁止から軍縮へ繋げていくための活動において実に多くの実績があったことを振り返り（第3章）、それは今もなお核兵器禁止条約やAI兵器の禁止条約へと結びつこうとしている。皮肉っぽく言えば、科学者は次々と残酷な兵器を考え出し、平和を望む人々はそのような兵器を禁止する条約を締結するという繰り返しで、鼬《いたち》ごっこ（土竜叩き）に過ぎないと言われそうだが、そうではない。毒ガス兵器も生物兵器も環境破壊兵器も、焼夷兵器や地雷やクラスター爆弾も、多数の国の批准を経て禁止条約が発効しているからだ。むろん、それらの条約に違反して、あるいは抜け穴を利用して、禁止された兵器の製造や使用を行なう国はあるが、それに対する国際的な非難と厳しいペナルティーを覚悟しなければならない。そのような国際的圧力は、禁止条約を無視しようとする国に対して強い重圧になっており、まさに抑止力として働いている。

以上のような世界の情勢を俯瞰して、目を「転」ずるという意味で、現在の日本で進みつつある科学者の軍事研究への参画（第4章、第5章）について考えた。現在の日本は公然と軍拡路線に走っており、科学者の意識として軍事研究に参画することに吝《やぶさ》かではないように見える。しかし、防衛装備庁の「安全保障技術研究推進制度」に対して、今のところ大学の研究者は慎重であり、何とか大学としての矜持を保っている。むろん、政府の大学に対する「選択と集中」政策がなお続くなら軍事研究に走る研究者が頻出する可能性もあるが、そのときは日本が長い間に培ってきた科学の基層力を確実に失ってしまうことにもなるであろう。日本は今、科学の一流国であるかどうかの正念場に立っていると言える。

最後の「結」として、第6章で「やはり、科学者は軍事研究に手を染めてはならない」として締めくくることにした。原点に戻って科学者とは何か、社会とどのような関係を結んでいるか、について文章を重ねたのである。世界は、小国間や反体制勢力との国内での紛争や衝突というレベルの争いは続いているが、全体としては権益や領土を奪い合う戦争という事態に訴えることはなくなっている。いかにも暴力的な世の中が続いているかのような雰囲気はあるが、世界は戦争を止揚して平和になっているのである。

このような世界の趨勢に反抗しているのが、軍産複合体とその背後に控える軍事研究を行なう科学者たちで、宇宙核兵器・サイバー・電磁パルス弾・AI兵器・ゲノム編集など新たな兵器の考案に余念がない。倫理的な思考を捨てた科学者は、世界史の必然の方向が見えない存在に堕している。結論はこれしかなく、最後の「結」の「結」として提示した「現代のパラドックス」は、軍拡競争がいかにナンセンスなものであるかを、軍拡路線が持つ矛盾として提示した。軍事研究に走る科学者の空しさとして捉えていただければ幸いである。

本書は科学者になることを目指す若者に読んでほしいのだが、読書習慣をあまり持たない若者である場合には、周辺の人々（肉親や友人や大学の教員や事務官・技官など）が本書を読んで、科学者と軍事研究の関わりについて知るとともに、若者と対話するための材料としてもらえれば幸いである。グローバル化が喧伝される現代は、生き残るために倫理を置き去りにすることを当然としかねない時代と言えるかもしれない。企業は儲けのために手抜きや不作為が常態化して安全性が二の次になり、政治は軍拡路線を拡大して貧富の格差の拡大を放置し、科学者の多くは研究費欲しさに軍事研究に励み、人々はお任せ民主主義になれてしまい長期的な視点を失っている。

そのような社会風潮の中で、わずかでも希望をつなげるのは、やはり次世代を担う若者たちである。若者たちが倫理的に考え行動することこそが健全な社会を培っていく大本である。心ある若者なら、その重要さを必ず認識できるだろう。そんな思考習慣を身につけた若者を見出し、対話を重ねることを通じて確信を持たせること、それが私たち先達の仕事ではあるまいか。本書がそのために少しでも役立てば幸いである。

本書をまとめるに当たって、みすず書房の守田省吾氏に大いにお世話になりました。感謝いたします。

二〇一九年三月三〇日

池内　了

参考にした文献

『科学者をめざす君たちへ　第3版』米国科学アカデミー編、池内了訳、二〇一〇年
『戦争と科学者』R・W・リード著、服部学訳、ダイヤモンド社、一九七二年
『戦争の科学』E・ヴォルクマン著、茂木健訳、主婦の友社、二〇〇三年
『戦争の物理学』B・パーカー著、藤原多伽夫訳、白揚社、二〇一六年
『戦争の変遷』M・ファン・クレフェルト著、石津朋之訳、原書房、二〇一一年
『文明と戦争　上、下』A・ガット著、石津朋之・永末聡・山本文史監訳、歴史と戦争研究会訳、中央公論新社、二〇一二年
『情報と戦争』J・キーガン著、並木均訳、中央公論新社、二〇一八年
『戦争の世界史』W・H・マクニール著、高橋均訳、中公文庫、二〇一四年
『武器ビジネス　上、下』A・ファインスタイン著、村上和久訳、原書房、二〇一五年
『戦争と科学者』T・J・クローウェル著、藤原多伽夫訳、原書房、二〇一二年
『ドローンの哲学』G・シャマユー著、渡名喜庸哲訳、明石書店、二〇一八年
『21世紀の戦争テクノロジー』E・C・ドルマン著、桃井緑美子訳、河出書房新社、二〇一六年
『軍事研究の戦後史』杉山滋郎著、ミネルヴァ書房、二〇一七年
『防衛装備庁』森本敏著、海竜社、二〇一五年

『ロバート・オッペンハイマー』藤永茂著、朝日選書、一九九六年
『ヒトラーの科学者たち』J・コーンウェル著、松宮克昌訳、作品社、二〇一五年
『ヒトラーと物理学者たち』P・ボール著、池内了・小畑史哉訳、岩波書店、二〇一六年
『原子・原子核・原子力』山本義隆著、岩波書店、二〇一五年
『悪魔の飽食』森村誠一著、角川文庫、一九八三年
『戦争・731と大学・医科大学』15年戦争と日本の医学・医療研究会著、工作舎、二〇一六年
「特定兵器の使用禁止と「不必要な苦痛禁止原則」の展開」石神輝雄著、『広島法学』四〇巻三号、一一七—一三二頁、二〇一七年
『平和時代を創造するために』湯川秀樹・坂田昌一著、岩波新書、一九六三年
E. Rutherford, "Henry Gwyn Jeffreys Moseley," *Nature* 9th September, 1915

索　引

ア　行

カ　行

サ　行

ハ　行

マ　行

ヤ　行

ラ　行

著者略歴

（いけうち・さとる）

1944年兵庫県生まれ．総合研究大学院大学名誉教授．名古屋大学名誉教授．宇宙物理学専攻．著書『親子で読もう　宇宙の歴史』（岩波書店）『生きのびるための科学』（晶文社）『物理学と神』（集英社新書，講談社学術文庫）『宇宙論と神』（集英社新書）『人間と科学の不協和音』（角川ワンテーマ新書）『科学の限界』（ちくま新書）『科学の考え方・学び方』（岩波ジュニア新書）『転回期の科学を読む辞典』（みすず書房）『科学者心得帳』（みすず書房）『寺田寅彦と現代』（みすず書房）『科学・技術と現代社会』全2巻（みすず書房）『科学者と戦争』（岩波新書）『科学者と軍事研究』（岩波新書）『司馬江漢』（集英社新書）『原発事故との伴走の記』（而立書房）ほか．

池内 了

科学者は、なぜ軍事研究に手を染めてはいけないか

2019 年 5 月 24 日　第 1 刷発行

発行所 株式会社 みすず書房
〒113-0033 東京都文京区本郷 2 丁目 20-7
電話 03-3814-0131(営業) 03-3815-9181(編集)
www.msz.co.jp

本文組版 キャップス
本文印刷・製本所 中央精版印刷
扉・表紙・カバー印刷所 リヒトプランニング
装丁 安藤剛史

ISBN 978-4-622-08814-1
[かがくしゃはなぜぐんじけんきゅうにてをそめてはいけないか]